Bo Hanus

Praktische Solaranwendungen
mit Leuchtdioden

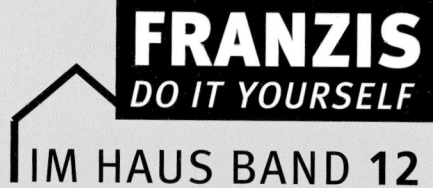

FRANZIS
DO IT YOURSELF
IM HAUS BAND **12**

Bo Hanus

Praktische
Solaranwendungen
mit Leuchtdioden

Leicht gemacht, Geld und Ärger gespart!

Mit 122 farbigen Abbildungen

Bibliografische Information der Deutschen Bibliothek

Die Deutsche Bibliothek verzeichnet diese Publikation in der Deutschen Nationalbibliografie;
detaillierte Daten sind im Internet über **http://dnb.ddb.de** abrufbar.

Hinweis

Alle Angaben in diesem Buch wurden vom Autor mit größter Sorgfalt erarbeitet bzw. zusammengestellt und unter Einschaltung wirksamer Kontrollmaßnahmen reproduziert. Trotzdem sind Fehler nicht ganz auszuschließen. Der Verlag und der Autor sehen sich deshalb gezwungen, darauf hinzuweisen, dass sie weder eine Garantie noch die juristische Verantwortung oder irgendeine Haftung für Folgen, die auf fehlerhafte Angaben zurückgehen, übernehmen können. Für die Mitteilung etwaiger Fehler sind Verlag und Autor jederzeit dankbar. Internetadressen oder Versionsnummern stellen den bei Redaktionsschluss verfügbaren Informationsstand dar. Verlag und Autor übernehmen keinerlei Verantwortung oder Haftung für Veränderungen, die sich aus nicht von ihnen zu vertretenden Umständen ergeben. Evtl. beigefügte oder zum Download angebotene Dateien und Informationen dienen ausschließlich der nicht gewerblichen Nutzung. Eine gewerbliche Nutzung ist nur mit Zustimmung des Lizenzinhabers möglich.

Satz: DTP-Satz A. Kugge, München
art & design: www.ideehoch2.de
Druck: Legoprint S.p.A., Lavis (Italia)
Printed in Italy

ISBN 978-3-7723-**4410-7**

Vorwort

Leuchtdioden als Lichtquellen gewinnen an Beliebtheit. Sie können bei winzigen Abmessungen ein verblüffend starkes Licht erzeugen und benötigen dazu nur sehr niedrige Versorgungsspannungen. Die meisten der kleineren Leuchtdioden wärmen sich zudem während des Betriebs nur wenig auf und können daher auch in einfache Selbstbauleuchten oder Vorrichtungen eingesetzt werden, die aus wärmeempfindlichen Materialien hergestellt sind.

Die niedrige Versorgungsspannung spricht für den Einsatz von Leuchtdioden in der Photovoltaik. Mit der Anpassung der Leuchtdioden an die Versorgungsspannung ist es jedoch etwas komplizierter als bei herkömmlichen Lampen, denn diese richtet sich nicht immer nach den Nennspannungen der etablierten Spannungsquellen. Zudem hängt die Lichtstärke der Leuchtdioden von dem Strom ab, den sie typenbezogen beziehen und der für sie optimal eingestellt werden sollte. Dies gilt zwar nicht für Fertigprodukte, dafür aber umso mehr bei Anwendungen von Leuchtdioden, die als kahle Bausteine für den Selbstbau in großer Auswahl erhältlich sind und eine faszinierende Spielfläche für die kreative Gestaltung interessanter Lichtquellen bieten.

Wir haben in diesem Buch erhöhte Aufmerksamkeit den Eigenschaften der Leuchtdioden gewidmet, über die Sie bei Anwendung, Installation und Selbstbau im Bilde sein sollten.

Viel Spaß beim Lesen und viel Erfolg bei den Vorhaben, die Sie in Angriff nehmen, wünschen Ihnen

Bo Hanus und seine Co-Autorin (und Ehefrau) Hannelore Hanus-Walther

Inhaltsverzeichnis

Inhaltsverzeichnis

1 Leuchtdioden-Solarbeleuchtung in Haus und Garten

Leuchtdioden, abgekürzt LEDs *(light-emitting-diodes)* erfreuen sich großer Beliebtheit als energiesparende Lichtquellen in der Solartechnik. Sie sind in kompakten Leuchten, Reflektoren, Taschenlampen oder dekorativen Blickfängern eingebaut *(Abb. 1.1 a/b)*, zum großen Teil aber auch als „kahle" Bauteile *(Abb. 1.1 c)* erhältlich, die man kreativ vielseitig nutzen kann. Für spezielle Anwendungen oder hohe Leistungen gibt es weitere LEDs, die von der ursprünglichen Form abweichen *(Abb. 1.1 d)*.

Die Preise der Leuchtdioden sinken, das Angebot wird immer größer und interessanter. Für die Anwendungen in der Solartechnik haben die LEDs den besonderen Vorteil, dass sie nur niedrige Versorgungsspannungen benötigen. Sie verfügen jedoch noch über folgende allgemeine Vorteile:

- kleine Abmessungen
- relativ „kaltes" Licht (mit Ausnahme einiger Highpower-LEDs)
- hoher Wirkungsgrad (vor allem bei oranger und roter Farbe)
- lange Lebensdauer (auch beim Blinken)
- Unempfindlichkeit gegenüber Erschütterungen

1 Leuchtdioden-Solarbeleuchtung in Haus und Garten

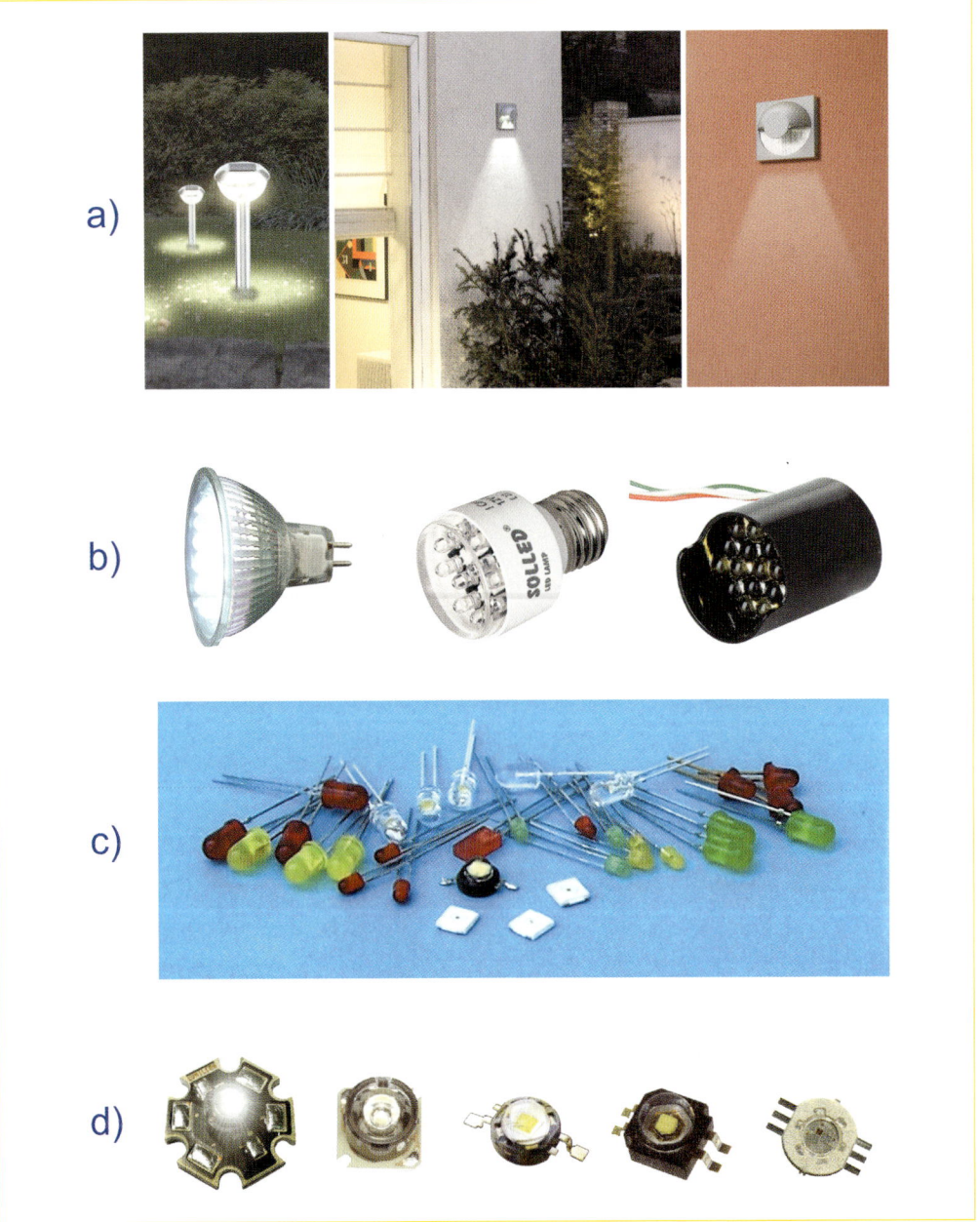

Abb. 1.1 – Leuchtdioden als Lichtquellen: **a)** LED-Garten- und Wandleuchten. **b)** LED-Lampen und -Reflektoren. **c)** Gebräuchlichste Leuchtdioden als kahle Bauteile. **d)** Hochleistungs-LEDs *(High-power-LEDs)* haben oft besondere Formen und sind für die Montage auf Kühlkörper ausgelegt.

1.1 Leuchtdioden-Solarleuchten für den Außenbereich

Die Auswahl an handelsüblichen Solarleuchten ist groß, die Preise sind oft recht günstig, die Qualität ist aber sehr unterschiedlich. Viele dieser Leuchten haben überwiegend nur dekorativen Charakter, denn sie leuchten vorwiegend im Sommer, und dann auch nur in der ersten Nachthälfte, vorausgesetzt der Tag war tatsächlich sonnig. Im Winter leuchten sie nur noch gelegentlich. Das mag akzeptabel sein, wenn man keinen Wert darauf legt, dass die Leuchte als jederzeit aufrufbare

Abb. 1.2 – Solar-LED-Außenleuchten gibt es in großer Auswahl und oft preisgünstig (Foto/Anbieter: Reichelt Elektronik).

Lichtquelle funktioniert. Gibt man sich damit zufrieden, dass man an dieser Solarbeleuchtung einfach nur Spaß hat, ist es ja auch in Ordnung. Einem verspielt beleuchteten Garten können die Hausbewohner ohnehin vor allem während der wärmeren und sonnigen Jahreszeit richtig genießen – und da funktionieren die meisten Solarleuchten zufriedenstellend.

Solar-Außenleuchten, die mit einem IR-Annäherungsschalter ausgelegt sind, haben zwar in dieser Hinsicht einen längeren Atem, schalten jedoch das Licht auch dann ein, wenn eine Katze vorbeiläuft oder eine Fledermaus vorbeifliegt. Manche dieser „Bewegungsmelder" schalten sogar das Licht ein, wenn eine wärmere Brise weht oder sich die Zweige einer naheestehenden Pflanze bewegen. Solche Leuchten sollten nicht im Sichtbereich des Schlafzimmerfensters stehen, denn das kann die Nachtruhe stören. Dennoch arbeiten Leuchten mit IR-Annäherungsschaltern energiesparend und halten ihren Vorrat an gespeicherter Energie vor allem dann verhältnismäßig lange, wenn sie jeweils nur kurzfristig betrieben werden – was eine dehnbare Aussage ist.

Technische Fortschritte und fallende Preise der Leuchtdioden haben bei den Anwendungen

Abb. 1.3 – Ein romantisch verspielter Garten darf auch märchenhaft wirkende Komponenten haben: Die in den kleinen leuchtenden Skulpturen (Kolibri, Libelle, Lilie) integrierten Leuchtdioden wechseln ständig ihre Farbe. Ein kleines Solarmodul speichert hier tagsüber genügend Energie, um die kristallklaren Figuren die ganze Nacht zu erleuchten. Ein integrierter Dämmerungssensor aktiviert die Leuchtdiode automatisch beim Einsetzen der Dunkelheit (Foto/Anbieter: Westfalia).

1.1 Leuchtdioden-Solarleuchten für den Außenbereich

Abb. 1.4 – In den abgebildeten leuchtenden LED-Pflastersteinen sind als Licht-quellen jeweils zwei superhelle LEDs eingebaut, die sich tagsüber aufladen und nach der Dämmerung leuchten.

dieser energiesparenden Leuchtkörper den Weg zu besseren Solar-Außenleuchten geebnet. Dennoch sollten die meisten dieser Leuchtkörper überwiegend als Gartendekorationen betrachtet werden, denn die in sie integrierten Solarzellen haben zu geringe Flächen, um die interne Batterie in unserem Breitengrad wetterunabhängig aufzuladen. Theoretisch müssten solche Außenleuchten fähig sein, z. B. auch nach drei völlig verregneten Wochen noch zu leuchten. Technisch ist es leicht machbar: Die Solarzellenfläche und die interne Batterie müssten großzügiger dimensioniert werden – aber das verteuert das Produkt und ist nicht unbedingt erforderlich, wenn eine solche Leuchte nur als Gartendekoration verwendet wird. Ist das nicht der Fall, kann die Leuchtdauer einer solchen Leuchte mithilfe eines zusätzlichen Solarmoduls und einer zusätzlichen Batterie nach eigenen Bedürfnissen verlängert werden.

Wer gehobenen Wert darauf legt, dass die Solar-Außenbeleuchtung jederzeit abrufbereit funktioniert, kann sich natürlich auch aus separaten LED-Leuchten, Solar-Minimodulen und Batterien solarelektrische Licht-

quellen selbst erstellen und anlegen. Die Auswahl an Fertigbausteinen, die man nur passend miteinander zu verbinden braucht, ist groß. Der technische Teil solcher Miniprojekte ist nicht kompliziert und setzt keine gehobenen Ansprüche an Fachwissen, Spezialwerkzeuge oder handwerkliches Können voraus. Wichtig ist nur zu wissen, worauf es bei einem solchen Vorhaben ankommt und wie die Bausteine aufeinander abgestimmt werden sollten. Eine gut durchdachte Beleuchtung kann dann ihren Zweck auch im Winter erfüllen und maßgeschneidert an die individuellen Bedürfnisse angepasst werden.

Eine solarbetriebene Außenbeleuchtung mit Leuchtdioden arbeitet nicht nur energiesparend, sondern kann oft auch kostengünstiger und für den Garten schonender sein als eine Netzspannungs-Zuleitung. Führt z. B. der Graben für das Erdkabel über einen Rasen, kann es Jahre dauern, bevor sich die Erde so gesetzt hat, dass das jährliche Nachfüllen der Rinne entfallen kann.

Wenn Sie einmal eine kleine solarelektrische Beleuchtung errichtet haben, wird es Ihnen nicht mehr schwerfallen, auch weitere Vorhaben dieser Art zu bewerkstelligen. Die Umwandlung von Sonnenlicht in Solarstrom in den Griff zu bekommen, ist nur eine Frage der Übung. Wir werden Ihnen anhand vieler praktischer Beispiele in den folgenden Kapiteln zeigen, welch interessante Möglichkeiten es auf diesem Gebiet gibt und wie sich Leuchtdioden als energiesparende und umgangsfreundliche Leuchtkörper anwenden lassen.

1.2 Leuchtdioden-Solarleuchten für den Innenbereich

Unter der Bezeichnung „Innenbereich" sind abgeschlossene Räume zu verstehen, in denen die LED-Solarleuchten nicht wettergeschützt sein müssen. Hier können auch nur kahle Leuchtdioden beliebiger Bauart und Ausführung verwendet werden. Die benötigte Versorgungsspannung kann dann sehr niedrig gehalten werden, womit ein Stromschlag problemlos vermieden wird (eine Gleichspannung unter 24 Volt ist sogar für Kinderspielzeuge zugelassen).

Es liegt dabei im persönlichen Ermessen, wie hoch die Gleichspannung für das eine oder andere Anliegen gewählt wird. Die meisten Solar-Inselanlagen (= Solaranlagen, die nicht mit der Netzspannung kombiniert werden) wenden eine Nennspannung von 12 Volt an. Hier können dann bevorzugt Solarleuchten installiert werden, die ebenfalls für eine 12-Volt-Gleichspannung ausgelegt sind *(Abb. 1.5)*. Wird dagegen eine Solarbeleuchtung für einen Standort geplant, bei dem die Solaranlage ausschließlich für die LED-Leuchte(n) angelegt werden soll, genügt es, wenn die Versorgungsspannung nur für von z. B. 3 bis 6 Volt ausgelegt ist. Dies setzt voraus, dass die LED-Leuchten (bzw. die einzelnen LEDs) in Hinsicht auf ihre Versorgungsspannung auf die Spannung der angewendeten Batterie abgestimmt werden.

Was man sich darunter konkret vorstellen dürfte, zeigt *Abb. 1.6:* Eine solche einfache LED-Beleuchtung kann unter Umständen nur aus einzelnen „kahlen" Leuchtdioden zusammengelötet und z. B. an der Decke eines Geräteschuppens oder Carports angebracht wird. Wir haben in diesem Beispiel weiße „superhelle" Leuchtdioden angewendet, die für eine Betriebsspannung von 3,6 Volt ausgelegt sind und somit ihren Strom direkt von einer 3,6-Volt-Batterie (die z. B. aus drei NiMh-Akku-Gliedern besteht)

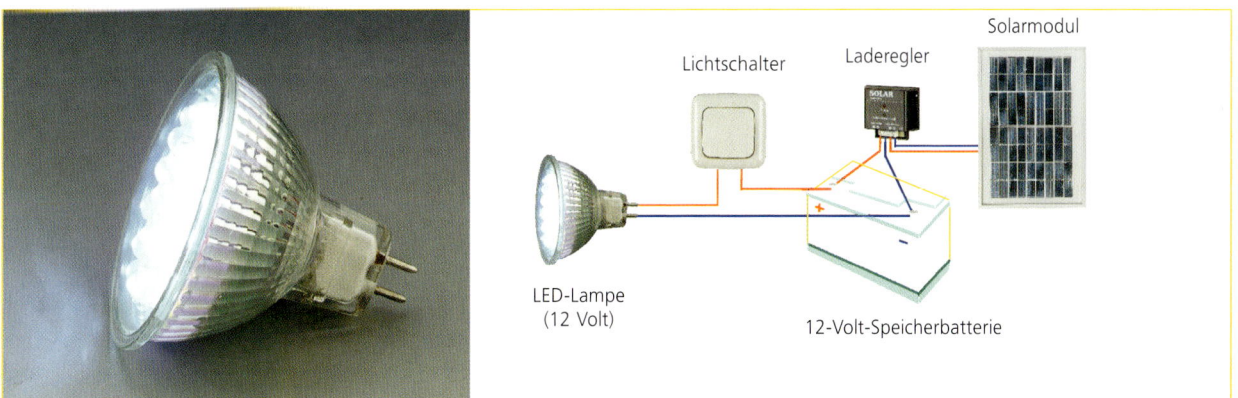

Lichtschalter   Laderegler   Solarmodul

LED-Lampe
(12 Volt)

12-Volt-Speicherbatterie

Abb. 1.5 – Für die LED-Beleuchtung im Innenbereich bzw. in überdachten Objekten können beliebige handelsübliche LED-Leuchten verwendet werden, die für eine angemessen niedrige Gleichspannung ausgelegt sind: Ausführungs- und Anschlussbeispiel einer LED-Leuchte an eine Batterie, die von einem Solarmodul geladen wird.

1.2 Leuchtdioden-Solarleuchten für den Innenbereich

beziehen können. Eine solche Batterie kann kostengünstig von einem kleinen und preiswerten Solarmodul geladen werden – wie in diesem Buch später noch anhand mehrerer Beispiele erläutert wird.

Da Solarstrom ein Gleichstrom ist, können im Prinzip alle LED-Leuchten als Solarleuchten verwendet werden, sofern sie für eine Versorgungsspannung ausgelegt sind, die für das Vorhaben geeignet ist. Inwieweit die eine oder andere LED-Fertigleuchte auch tatsächlich energiesparend arbeitet und dabei als LED-Solar-Leuchte subjektiv klassifiziert werden kann, hängt von der

Qualität der angewendeten Leuchtdioden und den internen Verlusten in der Leuchte ab.

Die Leuchtkraftunterschiede sind bei Leuchtdioden sehr groß. Das gilt auch für die superhellen oder ultrahellen Leuchtdioden. Hier findet zwar der Anwender alle erforderlichen Daten der eigentlichen „kahlen" LEDs (als Elektronik-Bauteile) in den Katalogen oder Datenblättern, aber nicht unbedingt auch bei LED-Leuchten, die als Fertigprodukte im Handel erhältlich sind.

Bei Anwendungen der Leuchtdioden im Innenbereich ist es nicht

erforderlich, dass für eine LED-Beleuchtung kompakte LED-Leuchten angewendet werden. Oft können einfach auch nur kahle einzelne LEDs in verschiedener Konfiguration zu einer LED-Leuchte oder LED-Reihe nach dem Beispiel aus *Abb. 1.7* zusammengelötet werden, wie es den Ansprüchen an Ästhetik oder Funktionalität genügt.

Wenn Sie Leuchtdioden als Bauelemente anwenden möchten, die Sie selbst nach Ihren Vorstellungen zusammensuchen und zusammenlöten möchten, finden Sie das dazu notwendige Wissen in den folgenden Kapiteln.

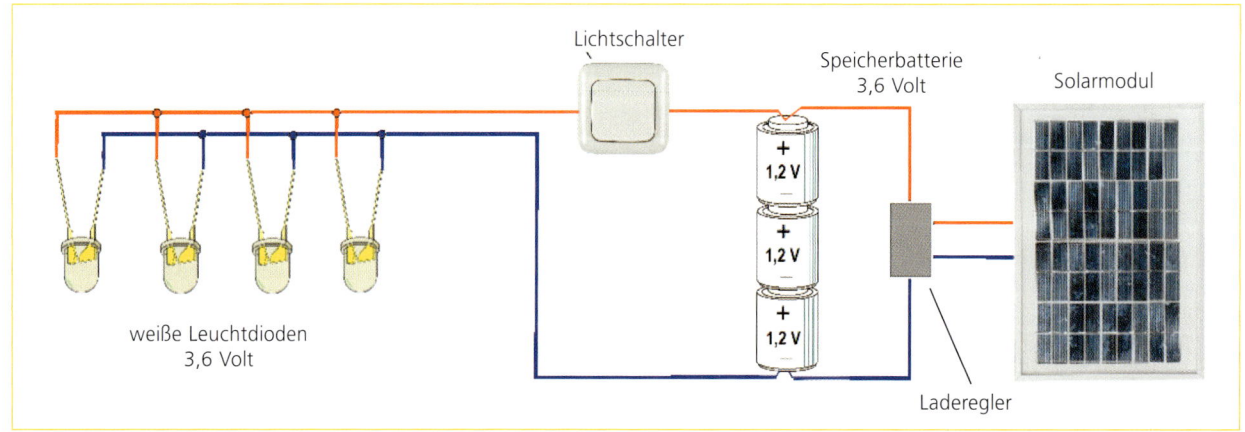

Abb. 1.6 – Für eine einfache solarbetriebene Beleuchtung können wahlweise auch nur kahle Leuchtdioden als „Leuchtkörper" angewendet werden.

1.3 Bausteine einer Solarbeleuchtung mit Leuchtdioden

Eine Solaranlage beliebiger Größe und Leistung besteht im Prinzip nur aus vier Grundbausteinen, die in *Abb. 1.7* zeichnerisch dargestellt sind: Das Solarmodul fungiert als Ladestromquelle der Anlagenbatterie. Der Laderegler, der zwischen Solarmodul und Batterie eingezeichnet ist, hat zur Aufgabe, die Ladespannung unterhalb der Grenze zu halten, die – einfach formuliert – beim Nachladen der Batterie nicht überschritten werden darf. Der Tiefentladeschutz, der zwischen der Batterie und der Leuchte eingezeichnet ist, schützt die 12-Volt-Bleibatterie vor einer evtl. irreparablen Beschädigung, die durch zu tiefes Entladen entstehen kann.

Laderegler und Tiefentladeschutz sind als Fertigbausteine erhältlich. An ihre Anschlussklemmen werden nach *Abb. 1.8* die restlichen Anlagenbausteine angeschlossen – was keine gehobenen Ansprüche an technische Handfertigkeit voraussetzt. In einige Laderegler ist der Tiefentladeschutz bereits integriert *(Abb. 1.8 b)*. An der eigentlichen Funktionsweise des Systems ändert sich dadurch nichts.

Wenn als Speicher der Solarenergie nicht Bleiakkumulatoren, sondern NiCd- oder NiMH-Akkus verwendet werden, entfällt der Tiefentladeschutz, da diesen Akkus das Tiefentladen nicht schadet. Genau genommen sollten NiCd-Akkus sogar etwa alle drei Monate entladen werden, da andernfalls ihre Fähigkeit, Energie zu speichern, durch ihren sogenannten *Memoryeffekt* nachlässt – bis sie sich gar nicht mehr nachladen lassen.

Handelsübliche Laderegler sind nur für das Laden von 12- oder 24-Volt-Batterien ausgelegt. Für Batterien mit niedrigeren bzw. abweichenden Spannungen muss die Laderegelung individuell „zusammengebastelt" werden. Das ist nicht schwer und wir zeigen Ihnen in den folgenden Kapiteln, wie es gemacht wird.

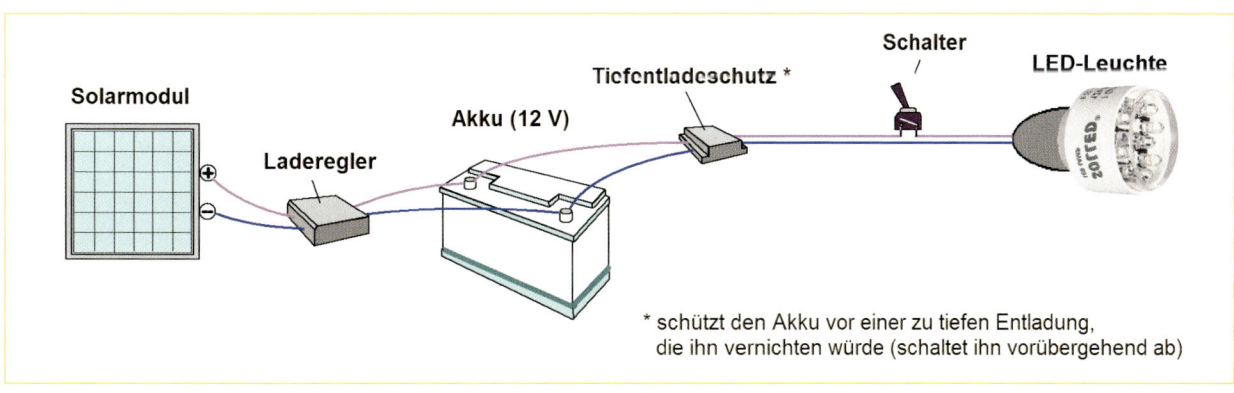

Abb. 1.7 – Grundbausteine einer Solar-Beleuchtung

1.3 Bausteine einer Solarbeleuchtung mit Leuchtdioden

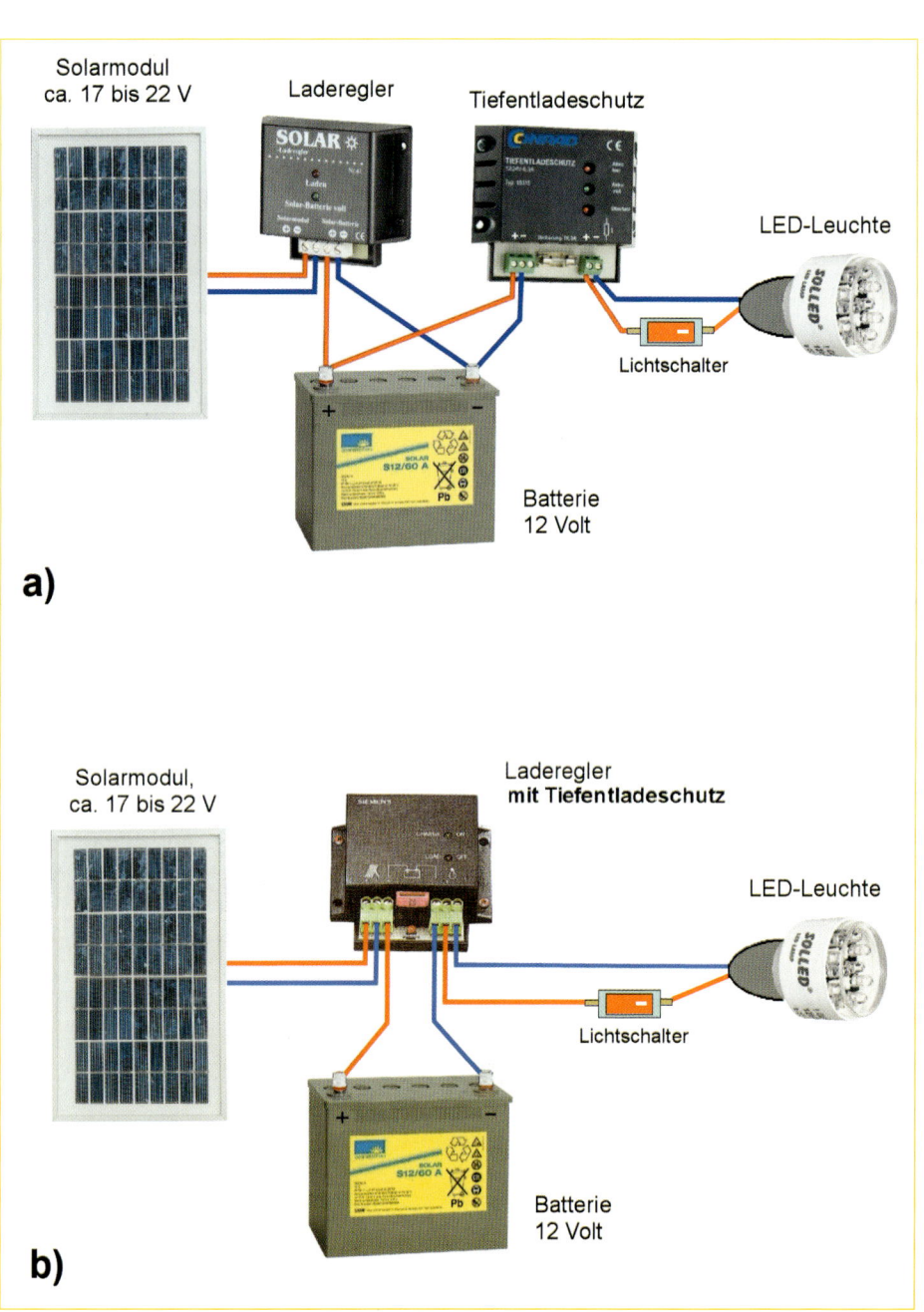

Solarmodul
ca. 17 bis 22 V

Laderegler

Tiefentladeschutz

LED-Leuchte

Lichtschalter

Batterie
12 Volt

a)

Solarmodul,
ca. 17 bis 22 V

Laderegler
mit Tiefentladeschutz

LED-Leuchte

Lichtschalter

Batterie
12 Volt

b)

Abb. 1.8 – Beispiel praktischer Ausführungen des Ladereglers und des Tiefentladeschutz-Geräts inklusive Anschlüssen:
a) Laderegler und Tiefentladeschutz als zwei separate Geräte.
b) Laderegler mit integriertem Tiefentladeschutz.

1.4 Solarbeleuchtung mit LEDs im Selbstbau

Wenn Sie Ihre Solarbeleuchtung für die 12-Volt-Betriebsspannung auslegen, stehen Ihnen alle benötigten Bauteile als Fertigbausteine zur Verfügung. Sie brauchen sich nur einen angemessen einfachen (kleinen) Laderegler auszusuchen (der nur für einen niedrigeren Ladestrom ausgelegt ist) und diesen nach *Abb. 1.8* mit den restlichen Bauteilen der Mini-Solaranlage elektrisch zu verbinden. Auf praktische Bauanleitungen kommen wir in weiteren Kapiteln noch zurück. Jetzt sehen wir uns erst an, welche Fragen beim Selbstbau auftauchen und worauf es dabei ankommt.

Mit der Planung eines Selbstbauvorhabens kann auf zweierlei Weise angefangen werden:

- Ist bereits eine Solaranlage mit einer Speicherbatterie vorhanden, wird bei der Planung der Beleuchtung von der Spannung dieser Batterie ausgegangen. Da es sich in einem solchen Fall meist um eine 12-Volt-Batterie handelt, sollte die LED-Beleuchtung in Hinsicht auf diese Spannung ausgelegt werden.
- Wird die Solarstromversorgung speziell für die LED-Beleuchtung konzipiert, kann die Spannung der Speicherbatterie gezielt an die Spannung der vorgesehenen LEDs angepasst werden. Die Planung fängt hier somit bei den Leuchtdioden an, die sich für das Vorhaben am besten eignen bzw. die zweckentsprechend kostengünstigste Lösung bieten.

Die zweite Lösung bietet mehr Planungsspielraum und kann u. a. für die Beleuchtung von kleinen Objekten genutzt werden, da durch die niedrige Versorgungsspannung nur ein kleines, kostengünstiges Solarmodul genügt, bzw. einige einzelne Solarzellen und eine kleine Batterie ausreichen. Ein Garten-Gerätehaus, ein Carport, eine kleine Gartenlaube oder eine Sitzecke im Garten können auf diese Weise eine solarelektrische Beleuchtung erhalten.

Wenn dabei das Solarmodul nicht auf der Überdachung des Objekts aufgestellt werden kann, muss ein passender Standort gefunden werden. So kann z. B. ein kleines Solarmodul in einem Rosenbogen nach *Abb. 1.9* dezent untergebracht werden.

Abb. 1.9 – In einem Rosenbogen kann z. B. ein kleines Solarmodul so untergebracht werden, dass darunter das Gartenambiente nicht in Mitleidenschaft gezogen wird.

1.5 Verschalten der Leuchtdioden

Bevor wir zu den spezifischen Eigenschaften der Leuchtdioden übergehen, dürfte eine Vorinformation über die Möglichkeiten des Verschaltens dieser Bausteine so manche praxisbezogene Überlegung erleichtern.

Ähnlich wie z. B. Batterien, Solarzellen oder Solarmodule können auch Leuchtdioden sowohl seriell (in Reihe) als auch parallel miteinander verschaltet werden, wenn ein kräftigeres Licht erwünscht ist oder mehrere LEDs gleichzeitig leuchten sollen.

Zwei oder auch mehrere LEDs können nach *Abb. 1.10 a* nur dann in Reihe geschaltet werden, wenn sie für exakt denselben Strom (I_F) ausgelegt und bevorzugt auch auf die gleiche Lichtstärke vorselektiert sind (was bei einfacheren Vorhaben durch einen nur optischen Vergleich vorgenommen werden kann). Bei einer parallelen Verschaltung von zwei oder mehreren LEDs nach *Abb. 1.10 b* ist es wiederum wichtig, dass sie alle für die gleiche Betriebsspannung (U_F) ausgelegt sind. Auch hier ist jedoch eine Vorselektion auf eine möglichst einheitliche Lichtstärke angesagt.

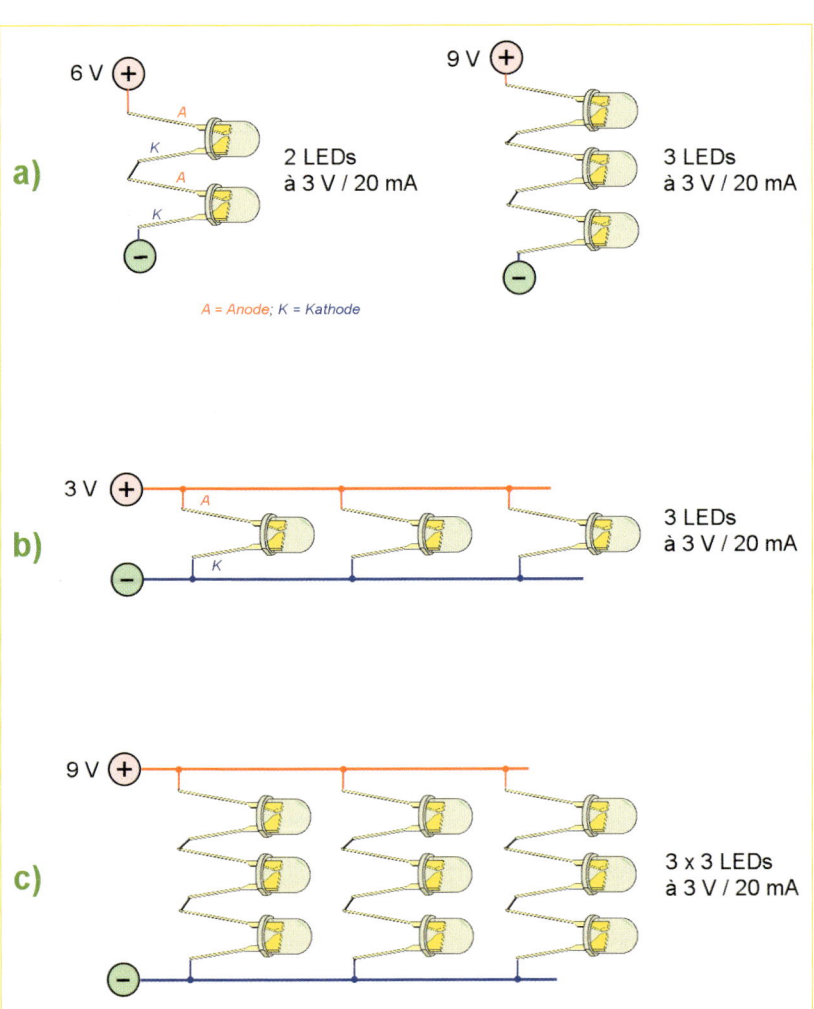

Abb. 1.10 – Verschaltung der Leuchtdioden: a) LEDs in Reihe (seriell betrieben) b) LEDs parallel betrieben c) LEDs seriell/parallel betrieben.

1.5 Verschalten der Leuchtdioden

Bei Bedarf können LEDs auch seriell/parallel nach *Abb. 1.10 c* verschaltet werden. Die in *Abb. 1.10* angegebenen technischen Daten der LEDs sowie die Batteriespannungen sind nur als Beispiele anzusehen, die nicht automatisch für alle LEDs bzw. Lösungen zutreffen.

Werden mehrere LEDs in Reihe (seriell) geschaltet, fließt durch alle derselbe Strom *(Abb. 1.11)*. Handelt es sich dabei z. B. um 20-mA-LEDs, fließt durch alle ein Strom von 20 mA – vorausgesetzt die Versorgungsspannung der LED-Reihe wurde so eingestellt, dass der volle Strom von 20 mA durch die LEDs auch tatsächlich fließen kann *(Abb. 11a)*. Ist die Versorgungsspannung

niedriger, als es der Summe der einzelnen LED-Versorgungsspannungen entspricht – wie das Beispiel in *Abb. 11b* zeigt –, fließt durch die LEDs ein niedrigerer Strom. In dem Fall leuchten die LEDs entweder proportional schwächer oder – wenn der Strom zu niedrig ist – gar nicht.

Ist es erwünscht, dass die LEDs optimal leuchten, muss die **Versorgungsspannung** der in Reihe geschalteten LEDs so hoch – oder annähernd so hoch – eingestellt werden, dass durch die LEDs ein Strom fließt, dessen Höhe den typenbezogenen (= im Katalog angegebenen) LED-Strom „I_F" entspricht. Die Einstel-

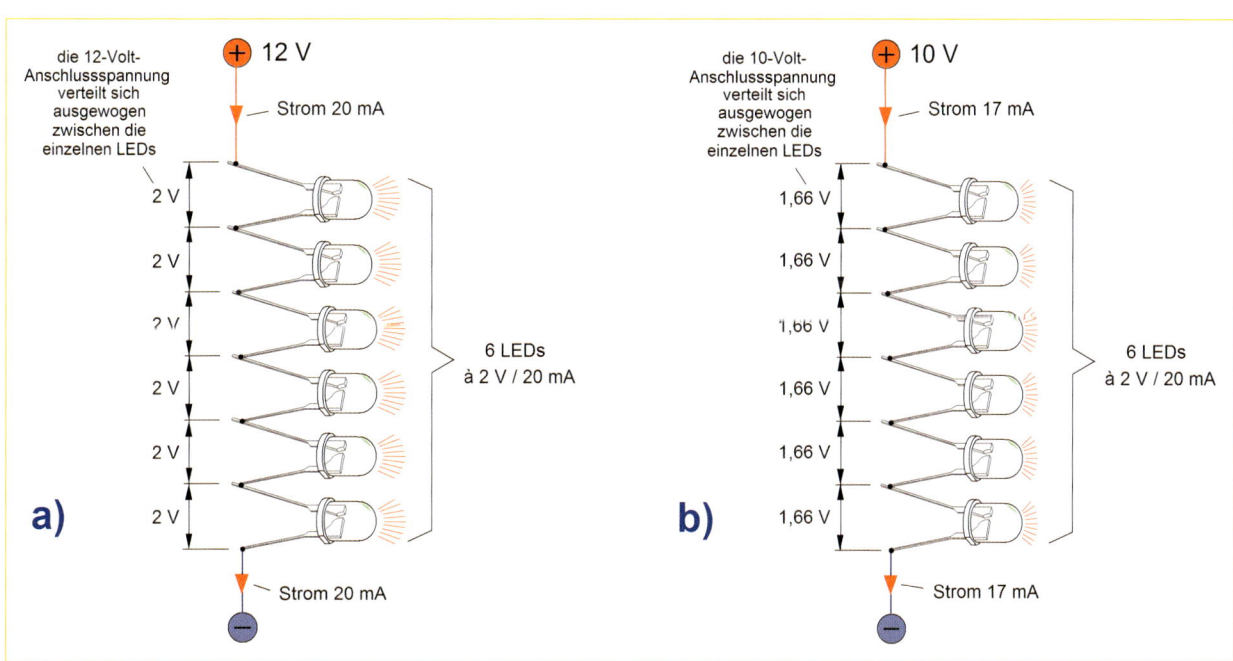

a)
die 12-Volt-Anschlussspannung verteilt sich ausgewogen zwischen die einzelnen LEDs
12 V
Strom 20 mA
2 V
2 V
2 V
2 V
2 V
2 V
6 LEDs à 2 V / 20 mA
Strom 20 mA

b)
die 10-Volt-Anschlussspannung verteilt sich ausgewogen zwischen die einzelnen LEDs
10 V
Strom 17 mA
1,66 V
1,66 V
1,66 V
1,66 V
1,66 V
1,66 V
6 LEDs à 2 V / 20 mA
Strom 17 mA

Abb. 1.11 – LEDs in Reihenschaltung

1.5 Verschalten der Leuchtdioden

lung der LED-Versorgungsspannung – und somit des LED-Stroms kann z. B. nach *Abb. 1.12a* mithilfe eines Einstellreglers vorgenommen werden, der anschließend durch einen Kohleschicht-Vorwiderstand ersetzt wird. Der ohmsche Wert dieses Vorwiderstands wird so ermittelt, dass der am Einstellregler eingestellte Widerstand **nach vorhergehendem Abschalten der Versorgungsspannung** mit einem Multimeter gemessen wird.

Ist bei einer LED-Hintergrundbeleuchtung oder bei einem LED-Mosaik nicht die volle Lichtstärke erforderlich, kann durch die Einstellung der Versorgungsspannung der LED-Strom so verringert werden, dass die LEDs wunschgerecht etwas schwächer leuchten.

Eine LED-Reihe kann sich bei Bedarf auch aus LEDs zusammensetzen, die zwar für eine unterschiedlich hohe Versorgungsspannung (U_F), aber für denselben Strom (I_F) ausgelegt sind. Die Anschlussspannung verteilt sich dann in der LED-Kette entsprechend der U_F einzelner LEDs nach dem Beispiel in *Abb. 1.13*. Die Spannungsdifferenz, die in diesem Beispiel 0,9 Volt beträgt, muss der Vorwiderstand abfangen. Wäre er in einer solchen Schaltung nicht vorhanden, würde sich die Anschlussspannung nur

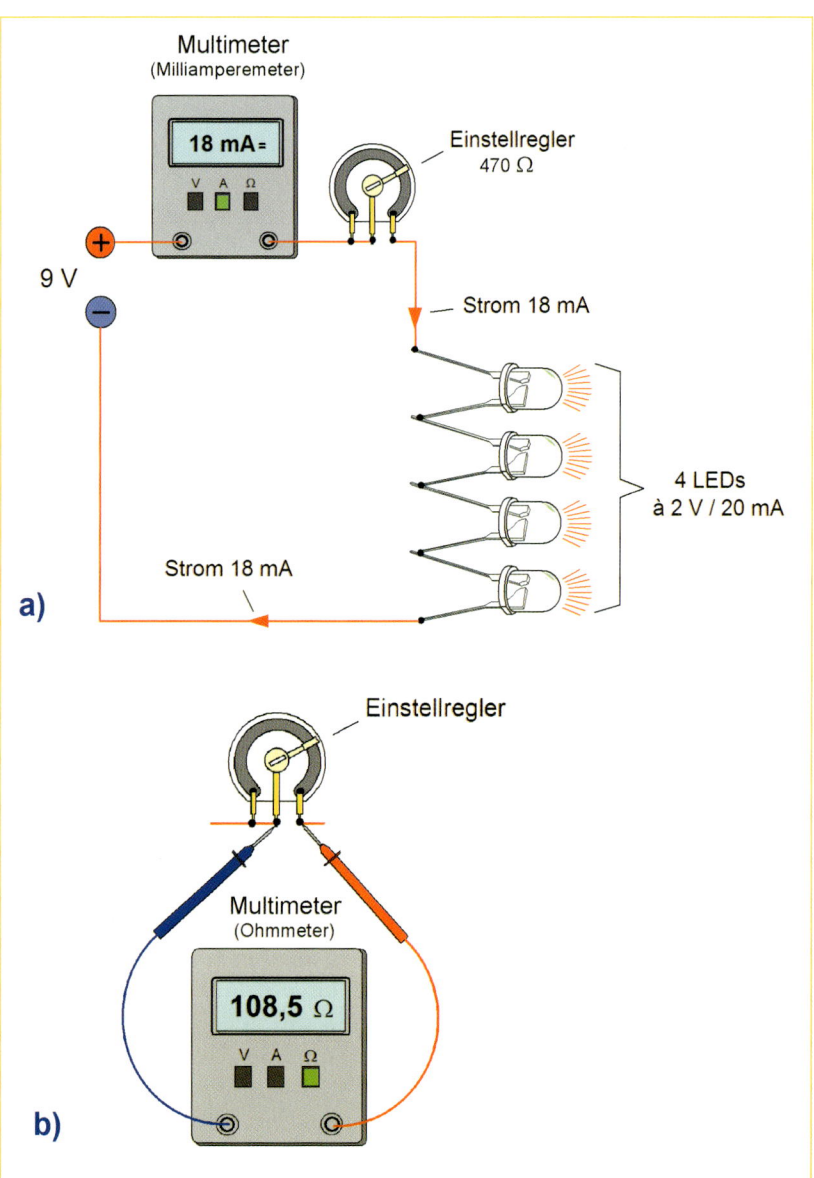

Abb. 1.12 – a) Einstellung des optimalen Stroms, der durch eine LED-Reihe fließt. **b)** Messen des am Einstellregler eingestellten Widerstands.

1.5 Verschalten der Leuchtdioden

unter den einzelnen LEDs verteilen. Die LEDs würden dadurch einen höheren Strom beziehen als die erlaubten 20 mA. Dabei würden sie zwar kräftiger leuchten, aber diese überhöhte Leistung (LED-Spannung multipliziert mit dem LED-Strom) würde sie auf die Dauer vernichten.

Werden in solchen kombinierten Anordnungen *(nach Abb. 1.13)* Leuchtdioden unterschiedlicher Herkunft, Type oder Lichtstärke (I_v) verwendet, wird die Lichtintensität einzelner LEDs nicht ausgewogen sein. In diesem Fall ist eine Vorselektion einzelner LEDs erforderlich.

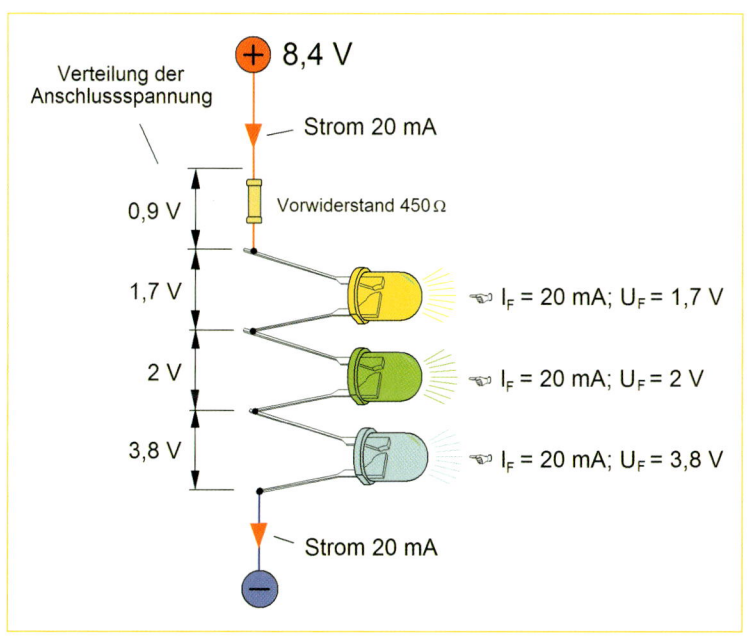

Verteilung der Anschlussspannung

$+$ 8,4 V

Strom 20 mA

0,9 V — Vorwiderstand 450 Ω

1,7 V — I_F = 20 mA; U_F = 1,7 V

2 V — I_F = 20 mA; U_F = 2 V

3,8 V — I_F = 20 mA; U_F = 3,8 V

Strom 20 mA

$-$

Abb. 1.13 – LEDs, die für unterschiedliche Betriebsspannungen (U_F) ausgelegt sind, dürfen in Reihe geschaltet werden, wenn sie für den gleichen Strom (I_F) ausgelegt sind – vorausgesetzt, die Ausgewogenheit der einzelnen Lichtstärken ist zufriedenstellend.

1.6 Wissenswertes zum Thema „Batterien" und „Akkus"

Solarbetriebene Leuchtdioden, wie auch andere Leuchtkörper, benötigen einen Energie-Speicher in der Form einer Batterie.

Eine solarelektrisch betriebene Beleuchtung ist im Prinzip ähnlich ausgelegt wie z. B. die Beleuchtung eines Kraftfahrzeuges: Ein elektrischer Generator, der bei dem Kraftfahrzeug als „Lichtmaschine" bezeichnet wird, lädt über eine Laderegelung die Autobatterie automatisch immer dann nach, wenn das Fahrzeug fährt. Bei einer solarelektrischen Beleuchtung fungiert ein Solarmodul – bzw. eine Reihe von Solarzellen – als **Generator der elektrischen Energie**, die ebenfalls die Speicherbatterie über einen Laderegler jeweils dann nachlädt, wenn die Sonne ausreichend scheint.

Als Energiespeicher können in der Solartechnik generell alle wiederaufladbaren Batterien verwendet werden. Für größere Anlagen eignen sich sowohl die „echten" Solar- als auch Auto- oder diverse kleinere Bleibatterien (Bleiakkus), die meist für Spannungen von 6 und 12 Volt ausgelegt sind.

Gut zu wissen

Der Unterschied zwischen der Bezeichnung „Akku" und „Batterie" ist erklärungsbedürftig. In der Grundform eines kleinen Gliedes wird als **Batterie** üblicherweise eine **nicht wiederaufladbare** „*Einwegbatterie*" bezeichnet. Spricht man dagegen von einem **Akku** (Akkumulator), handelt es sich um einen nachladbaren Energiespeicher in der Form eines einzigen Gliedes. Werden jedoch mehrere Akkus als einzelne Glieder zu einer Einheit zusammengesetzt, bezeichnet man sie ebenfalls als „Batterie". So besteht z. B. eine Autobatterie aus sechs Bleiakku-Gliedern à 2 Volt, die miteinander in Reihe zu einer „Batterie" verbunden und in ein gemeinsames Gehäuse untergebracht werden.

In der Praxis kann allerdings nur ein Branchen-Insider beurteilen, ob ein „wiederaufladbarer" Energiespeicher nur aus einem oder aus mehreren Einzelgliedern besteht. Daher werden – je nach Lust und Laune – eigentlich alle nachladbaren Energiespeicher wahlweise entweder als Batterien oder als Akkus bezeichnet. Wir sprechen von einer *Autobatterie,* die sechs Akku-Glieder beinhaltet, aber den 12-Volt-Akkuschrauber bezeichnen wir nicht als „Batterieschrauber" – obwohl er seine Energie ebenfalls von einer „Batterie" mit zehn Akku-Gliedern à 1,2 Volt bezieht. Die unterschiedliche Bezeichnung hat hier also nur etwas mit der Gewohnheit zu tun.

In der Solartechnik (Photovoltaik) wird für die *Energiespeicher* sowohl die Bezeichnung *Solarakkus* als auch *Solarbatterien* für dieselben Produkte angewendet. Dagegen ist nichts einzuwenden. Falsch wäre nur, wenn man einen einzigen wiederaufladbaren Akku als „Batterie" bezeichnen würde. Möchte man wiederum in einem Text oder in einer Zeichnung hervorheben, dass es sich bei einem Energiespeicher nicht um eine Einweg-, sondern um eine wiederaufladbare Batterie handelt, bevorzugt man die Bezeichnung Akku, denn die steht eindeutig *nur* für einen wiederaufladbaren Energiespeicher.

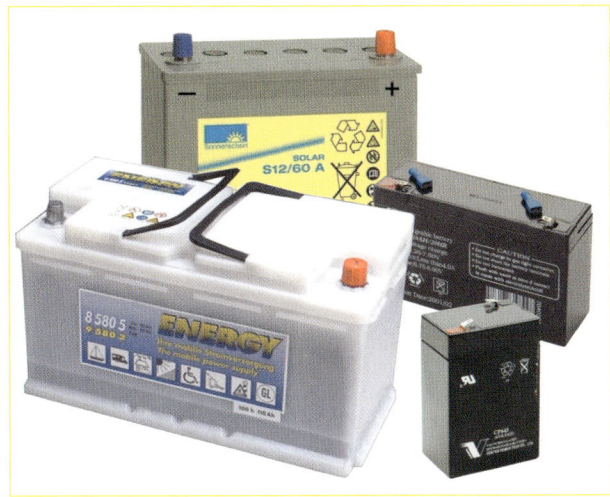

Abb. 1.14 – Als Energiespeicher können in der Solartechnik generell alle wiederaufladbaren Batterien (Akkus) verwendet werden: Der Handel führt eine große Auswahl an Batterien verschiedener Größen, Spannungen und Kapazitäten.

Wie viel Energie eine Batterie speichern kann, hängt bekanntlich von ihrer Größe ab. Die optisch wahrnehmbare Größe sagt natürlich nichts über das eigentliche Fassungsvermögen aus – wohl aber ihre Kapazität in Amperestunden (Ah). Bei einem Wein- oder Bierfass (Abb. 1.15) wird das Fassungsvermögen in Liter, bei einer Batterie in Amperestunden angegeben.

Kennt man die Kapazität einer Batterie und den Strombedarf des an sie angeschlossenen elektrischen Verbrauchers, kann man sich – ähnlich wie beim Anzapfen eines Weinfasses – leicht ausrechnen, wie lange man mit dem vorhandenen Vorrat auskommt. Die **Nennkapazität der Batterie in Amperestunden (Ah)** kann man vereinfacht als ihren energetischen Inhalt an „Ampere mal Betriebsstunden" betrachten: Von einer Batterie, deren Kapazität 10 Ah beträgt, können wir beispielsweise 10 Stunden lang einen

Strom von einem Ampere (A) oder 20 Stunden lang einen Strom von 0,5 Ampere oder 100 Stunden lang einen Strom von 0,1 Ampere (usw.) beziehen, bevor die Batterie leer ist. Die eigentliche Batterie**spannung** darf dabei außer Acht gelassen werden.

Beim Selbstbau einer eigenen Solaranlage – egal, welcher Größe – ist es wichtig, dass die Kapazität der vorgesehenen Batterie groß genug gewählt wird, um die erforderliche elektrische Energie für eine lückenlose Stromversorgung der elektrischen Verbraucher zu gewährleisten. Dies beinhaltet, dass auch die sonnenarmen „Durststrecken" zu berücksichtigen sind, die während trüber oder regnerischer Tage zu erwarten sind. Die Zeitspannen, während denen die Speicherbatterie voraussichtlich nicht geladen werden kann, hängen zum Teil von der Jahreszeit ab.

Abb. 1.15 – Bei einem Wein- oder Bierfass wird das Fassungsvermögen in Liter, bei einer Batterie in Amperestunden angegeben.

1.6 Wissenswertes zum Thema „Batterien" und „Akkus"

Beispiel

Für die Beleuchtung einer Gartenlaube werden wir acht superhelle Leuchtdioden verwenden, die für eine Betriebsspannung (U_F) von 3 Volt und einen Betriebsstrom (I_F) von 20 mA (Milliampere) pro LED ausgelegt sind. Wir wählen eine Anordnung nach dem Prinzip aus *Abb. 1.16,* bei der die LEDs als Duos geschaltet sind, somit eine Versorgungsspannung von 6 Volt benötigen und einen Strom von 4 x 20 mA (= 80 mA bzw. 0,08 A) beziehen.

Die Beleuchtung in der Gartenlaube wird voraussichtlich nur während der wärmeren Jahreszeit etwa 4 bis 6 Stunden pro Woche benötigt. Wir wollen dabei nicht ausschließen, dass sich eventuell auch zwei Wochen lang die Sonne nicht zeigen könnte, und daher die verwendete Batterie über eine Kapazität verfügen sollte, die etwa 12 Stunden lang die Beleuchtung mit Strom versorgen kann.

Das sehen wir uns genauer an: 12 Stunden mal 0,08 Ampere ergibt 0,96 Ah. Das stellt aufgerundet eine Akku-Kapazität von 1 Ah dar.

Hinweis

Sollten Sie in Zusammenhang mit der Anwendung von Solarzellen und Solarmodulen noch Fragen haben, auf die Sie in diesem Buch keine ausführlichen Antworten finden, empfehlen wir Ihnen folgende themenverwandte Bücher:

- Wie nutze ich Solarenergie in Haus und Garten? *(ISBN 978-3-7723-4449-7)*

- Experimente mit superhellen Leuchtdioden *(978-3-7723-4208-0.)*

- Wie nutze ich Solar- und Windenergie in der Freizeit und im Hobby? *(ISBN 978-3-7723-4419-0)*

Weitere Beispiele der Berechnung einer optimalen Kapazität und das solarelektrische Laden von Batterien, die als Speicher der benötigten Solarenergie dienen sollen, werden in diesem Buch noch anhand konkreter Lösungsvorschläge detailliert erläutert.

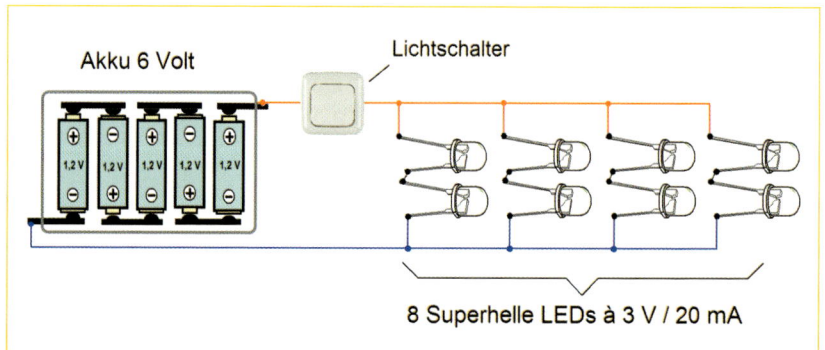

Akku 6 Volt · Lichtschalter · 8 Superhelle LEDs à 3 V / 20 mA

Abb. 1.16 – Ein kleiner 6-Volt-Akku, der sich aus fünf NiMH-Zellen zusammensetzt, kann für eine wenig beanspruchte Beleuchtung als Speicher der Solarenergie dienen.

2 Wichtige Eigenschaften der Leuchtdioden

Leuchtdioden haben unterschiedliche Formen, Farben, Größen und spezielle Eigenschaften, nach denen sie in Hinblick auf die Art ihrer Anwendung in folgende Gruppen eingeteilt werden können:

a) Standard-Leuchtdioden
b) *Low-Current*-Leuchtdioden
c) Superhelle und ultrahelle Leuchtdioden
d) Hochleistungs(Highpower)-Leuchtdioden
e) Blinkende Leuchtdioden
f) Zweifarbige Leuchtdioden (Duo-LEDs)
g) Leuchtdioden mit speziellen Eigenschaften
h) Infrarot-Dioden (IR-Dioden)

Bemerkung: In einigen unserer Beispiele, worin z. B. die optische Darstellung hervorgehoben werden soll, stellen wir die LEDs bildlich dar. Das erleichtert einen schnellen Überblick und verdeutlicht die vorgesehene Anordnung der Leuchtdioden.

Leuchtdioden, die nur ein monochromatisches Licht – vor allem gelb, rot oder grün – erzeugen, können wesentlich einfacher und kostengünstiger erstellt werden als solche, die für ein weißes Licht (Tageslicht) ausgelegt sind. Bei blauen LEDs will es mit einer kräftigeren Leuchtstärke noch nicht so richtig klappen, aber es werden zufriedenstellende Fortschritte verbucht.

Im Gegensatz zu den meisten herkömmlichen Lampen weisen Leuchtdioden zwei besondere Ansprüche an die Spannungsversorgung auf:

- Sie müssen polaritätsgerecht angeschlossen werden (ansonsten leuchten sie nicht auf).
- Nicht die Versorgungsspannung, sondern der LED-Strom hat bei diesen Leuchtkörpern den wichtigsten Stellenwert, der für optimale Lichtausbeute und Lebensdauer dieses „Halbleiters" maßgeblich ist.

Bei der Anwendung einer Leuchtdiode verdient an erster Stelle also **nicht** die **Betriebsspannung (U_F)**, sondern der **Betriebsstrom (I_F)** Aufmerksamkeit. Dies ist für die Praxis schon deshalb wichtig, weil

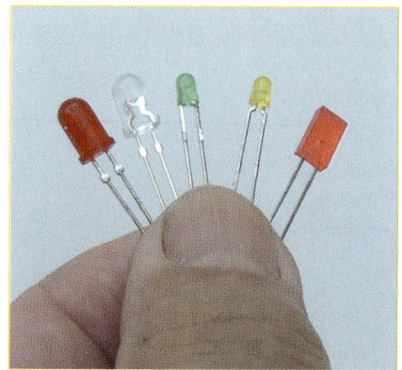

Abb. 2.1 – Ausführungsbeispiel einiger kleiner LEDs

bei vielen Leuchtdioden die Betriebsspannung nur in der Form „von … bis" angeben wird.

Bei „von … bis" handelt es sich oft um einen Spannungsbereich, in dem die LED ihre volle Lichtintensität nur dann erreicht, wenn die

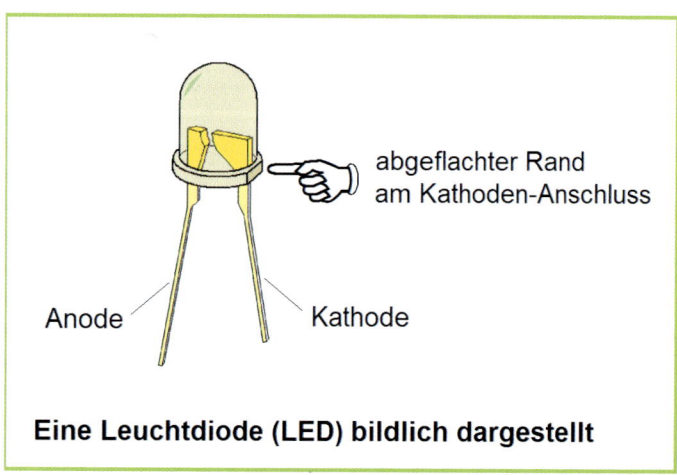

abgeflachter Rand am Kathoden-Anschluss

Anode   Kathode

Eine Leuchtdiode (LED) bildlich dargestellt

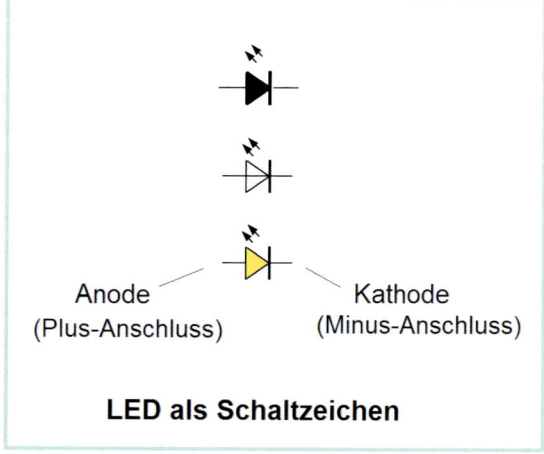

Anode   Kathode
(Plus-Anschluss)   (Minus-Anschluss)

LED als Schaltzeichen

Abb. 2.2 – Leuchtdiode: a) Ausführung und Polarität. b) Gebräuchliche LED-Schaltzeichen.

eigentliche Betriebsspannung so eingestellt wird, dass die LED den vom Hersteller angegebenen **Betriebs- strom (I_F)** bezieht. Dabei darf die vom Hersteller ange- gebene Spannungsobergrenze – bzw. die separat an- gegebene *maximale LED-Spannung* (**U_{Fmax}**) – nicht überschritten werden. Dasselbe gilt auch für die *LED- Nennleistung* (**P**). Diese ergibt sich aus der *Durchlass- spannung (Betriebsspannung)* **U_F** und dem *maximalen Betriebsstrom* **I_F** nach der Formel

P = U x I

U = *LED-Durchlassspannung (**U_F**) in Volt**

I = *LED-Betriebsstrom (**I_F**) in Ampere*

P = *LED-Nennleistung (**P**) in Watt*

* In englischsprachigen Prospekten und auch deutschen Datenblättern oder Katalogen wird die Durchlassspan- nung nicht als **U_F**, sondern als **V_F** bezeichnet.

In einem Katalog werden bei den meisten preiswer- ten Standard-LEDs nur einige der wichtigsten Grund- daten nach dem Beispiel in *Abb. 2.3* angegeben.

Möchte man eine der Standard-LEDs nur darauf tes- ten, ob sie überhaupt intakt ist, gibt sie sich auch mit

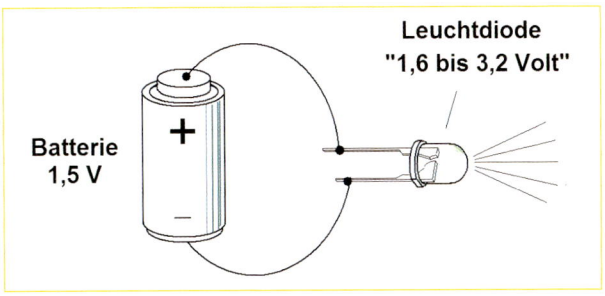

einer niedrigeren Versorgungsspannung von z. B. 1,5 Volt *(Abb. 2.4)* zufrieden, leuchtet aber nur ziem- lich schwach. Das kann zwar für einige einfache Expe- rimente ausreichen, wenn die LED aber kräftig leuch- ten soll, muss ihre Versorgungsspannung so eingestellt werden, dass sie ihren vollen Betriebsstrom **I_F** bezieht. Bringen kann man sie dazu, indem man nach *Abb. 2.5* z. B. ihre Versorgungsspannung mit einem Einstellreg- ler (Einstellpotenziometer) langsam und vorsichtig so weit erhöht, bis das angeschlossene Amperemeter an- zeigt, dass durch die LED ein Strom von 20 mA durch-

fließt (der vom Hersteller als **I_F** an- gegeben ist). Achten Sie bitte darauf, dass vor der Inbetrieb- nahme der Einstellpotenziometer „offen" ist (= auf seinen maxi- malen Widerstand steht).

Nachdem Sie den Strom der LED nach *Abb. 2.5* auf etwa 19 bis 20 mA eingestellt haben, können Sie nach *Abb. 2.6 a* kontrollieren, wel- che Spannung dabei die LED erhält. Notieren Sie sich diesen Wert, den Sie für die Arbeit mit dieser LED- Type als die für sie optimale Versor-

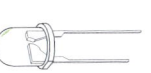

LED, 5 mm, diffus (Telefunken)		

Für allgemeine Anwendung.
Technische Daten:
Gehäuse 5 mm · I_V: 10 bis 20 mA · U_V: 1,6 bis 3,2 V

Typ	Farbe	Lichtstärke I_V
TLHR 5400	Rot	1,6 mcd
TLHG 5400	Grün	2 mcd
TLHY 5400	Gelb	3 mcd

Abb. 2.3 – Grunddatenbeispiel von Standard-Leuchtdioden (aus dem Katalog von Conrad Electronic).

gungsspannung betrachten dürften. Sie werden bei weiteren Experimenten nicht immer wiederholend den Strom jeder der angewendeten

Abb. 2.5 – Die Lichtintensität einer LED steigt mit zunehmender LED-Versorgungsspannung: Ist es erwünscht, dass eine LED optimal stark leuchtet, muss mithilfe eines Einstellreglers ihre Versorgungsspannung (U_F) gleitend erhöht werden, bis der LED-Strom I_F in die Nähe der 20 mA gestiegen ist.

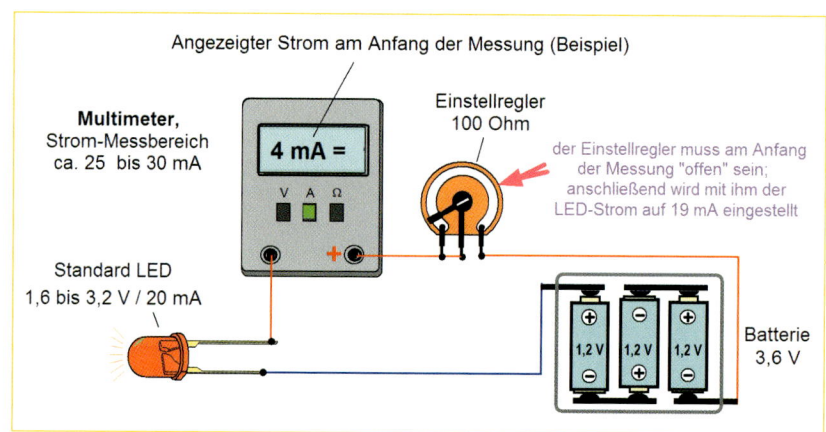

Angezeigter Strom am Anfang der Messung (Beispiel)

Multimeter, Strom-Messbereich ca. 25 bis 30 mA

4 mA =

V A Ω

Einstellregler 100 Ohm

der Einstellregler muss am Anfang der Messung "offen" sein; anschließend wird mit ihm der LED-Strom auf 19 mA eingestellt

Standard LED 1,6 bis 3,2 V / 20 mA

Batterie 3,6 V
1,2 V 1,2 V 1,2 V

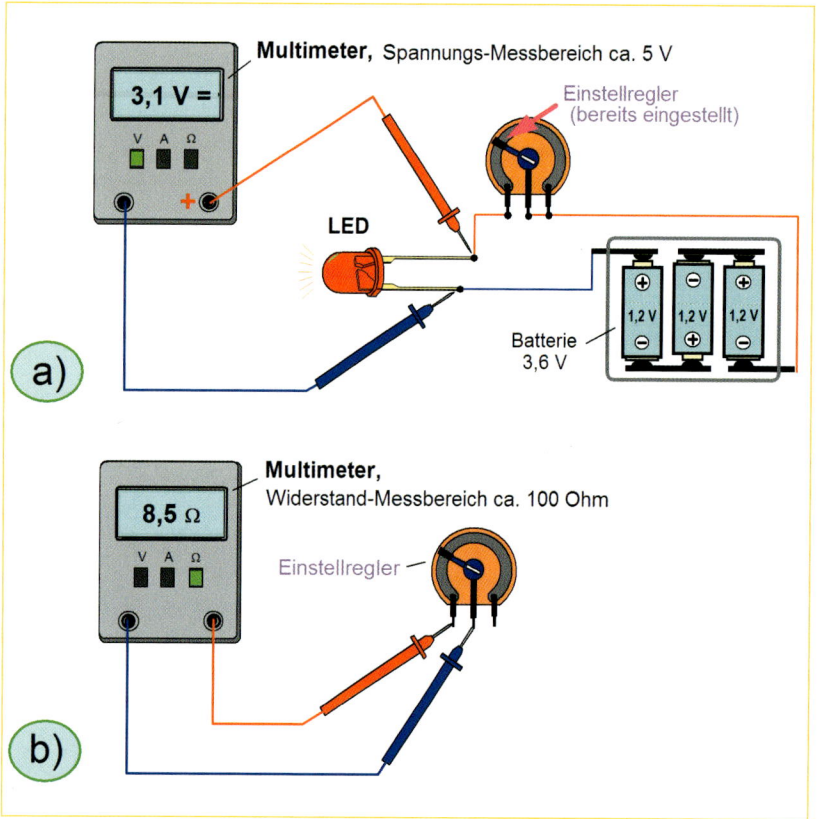

Multimeter, Spannungs-Messbereich ca. 5 V

3,1 V =

V A Ω

Einstellregler (bereits eingestellt)

LED

Batterie 3,6 V
1,2 V 1,2 V 1,2 V

a)

Multimeter, Widerstand-Messbereich ca. 100 Ohm

8,5 Ω

V A Ω

Einstellregler

b)

LED (derselben Type und Farbe aus derselben Lieferung) messen und einstellen, sondern dürfen davon ausgehen, dass der einmal ermittelte Wert für alle LEDs gilt. Dieser Wert kann jedoch auch bei derselben LED-Type von der LED-Farbe abhängig sein – was bei der Anwendung verschiedener LED-Farben (für z. B. bunte LED-Mosaike) zu berücksichtigen ist.

Wird eine LED an eine zu hohe Gleichspannung *polaritätsgerecht* angeschlossen, besteht die Gefahr

Abb. 2.6 – Nachdem der LED-Strom optimal eingestellt wurde, sollten noch zwei folgende Messungen stattfinden: **a)** Die Ermittlung der LED-Spannung (Durchlassspannung), die in diesem Fall ihre optimale „Versorgungsspannung" darstellt. **b)** Die Ermittlung des LED-Vorwiderstands bei einer Versorgungsspannung aus einer 3,6-Volt-Batterie.

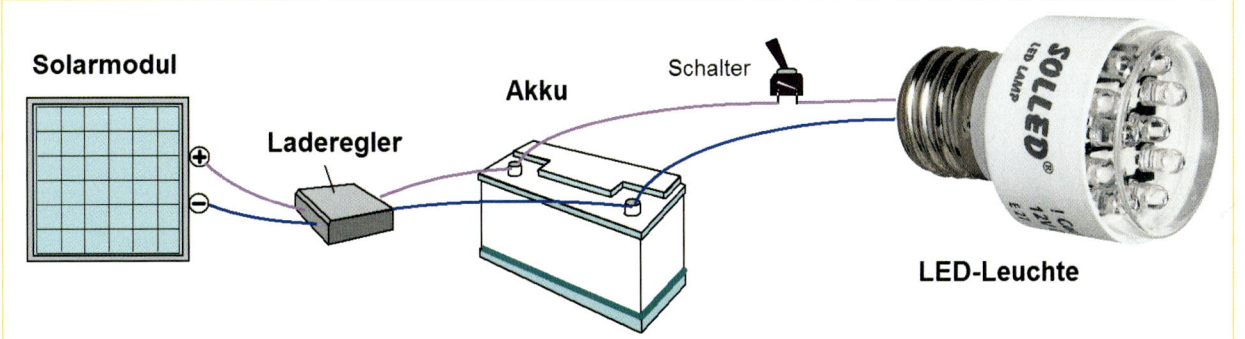

Solarmodul

Laderegler

Akku

Schalter

LED-Leuchte

SOLLED LED LAMP

Abb. 2.7 – Eine Mini-Solaranlage für eine LED-Beleuchtung unterscheidet sich prinzipiell nicht von anderen Photovoltaik-Inselanlagen.

einer Vernichtung vor allem dann, wenn die LED einen höheren Strom (I_F) bezieht, als sie laut der technischen Daten verkraften dürfte. Sie kann jedoch unter Umständen auch dann vernichtet werden, wenn ihre Abnahmeleistung *(als U × I)* überschritten oder sie in „nicht leitender" Richtung (= falsch gepolt) an eine *sehr hohe* Spannung angeschlossen wird. Welche Spannung in *nicht leitender Richtung* eine LED als „*sehr hohe*" Spannung nicht mehr verkraftet, ist typenbezogen unterschiedlich. Versorgungsspannungen, die jedoch nur vier oder fünfmal höher sind als die vom Hersteller angegebene „Betriebsspannung" (Durchlassspannung U_F) der LED, können der LED **in nicht leitender Richtung** keinen Schaden zufügen.

Dieser Hinweis bezieht sich auf Situationen, bei denen z. B. eine „3-Volt-LED" über einen Vorwiderstand an eine 24-Volt-Versorgungsspannung angeschlossen wird. Wenn hier die LED falsch gepolt angeschlossen wird, bezieht sie keinen Strom. An dem Vorwiderstand entsteht daher kein Spannungsverlust und somit steht an den LED-Anschlüssen die volle Spannung von 24 Volt. In dem Fall kann eine derart überhöhte Spannung die LED vernichten. Die typenbezogene max. Spannung, die eine LED in der „Gegenrichtung" verkraftet, geht aus den üblichen Katalogdaten der LEDs nicht hervor. Daher sollten beim Experimentieren mit LEDs keine Spannungsquellen mit zu hohen Ausgangsspannungen angewendet werden, die ein Vorwiderstand nur dann abfängt, wenn er mit dem vorgesehenen LED-Strom belastet wird (wenn die LED polaritätsgerecht angeschlossen ist).

Bei einem Solarbetrieb werden die LEDs bzw. LED-Leuchten üblicherweise von Solarzellen oder vom Solarmodul über eine solarelektrisch auf- und nachgeladene Batterie mit der erforderlichen elektrischen Leistung (Spannung und Strom) nach *Abb. 2.7* versorgt. Die angewendete Batterie muss dabei

Wichtig

Die sogenannte Nennspannung einer Batterie ist nur als eine Bezeichnung zu betrachten, die sich auf ihre durchschnittliche Spannung bezieht. In Wirklichkeit variiert diese Spannung zwischen einem Maximalwert, den eine voll aufgeladene Batterie erreicht, und einem Spannungsminimum, das typen- und anwendungsbezogen sehr niedrig sein kann.

die erforderliche Spannung und den Strom aufbringen können, den die LED-Beleuchtung benötigt. Die Leistung des Solarmoduls muss dabei auf den Nachladebedarf der Batterie abgestimmt sein (auf Näheres kommen wir später noch zurück).

So hat z. B. eine voll aufgeladene 12-Volt-Autobatterie eine Spannung von ca. 14 Volt, aber ihre Spannung sinkt betriebsbedingt oft z. B. unter 11 Volt. Bleiakkus werden allerdings sehr strapaziert (bzw. irreparabel beschädigt), wenn sie unter ca. 10,5 Volt entladen werden (was typenabhängig etwas variiert). NiCd oder NiMH-Akkus können dagegen viel tiefer entladen werden, ohne strapaziert zu sein (NiCd-Akkus mögen es sogar).

Bei der Arbeit mit LEDs sollte diese Tatsache im Auge behalten werden. Bei LED-Lichtquellen, die z. B. nur für eine Hintergrundbeleuchtung oder für dekorative Zwecke vorgesehen sind, dürfte man bei der Batterieversorgung anstelle der offiziellen Batterie-Nennspannung von einer Spannung ausgehen, die ca. 8 bis 10 % höher ist. Das schont die Leuchtdioden und wirkt sich auf die

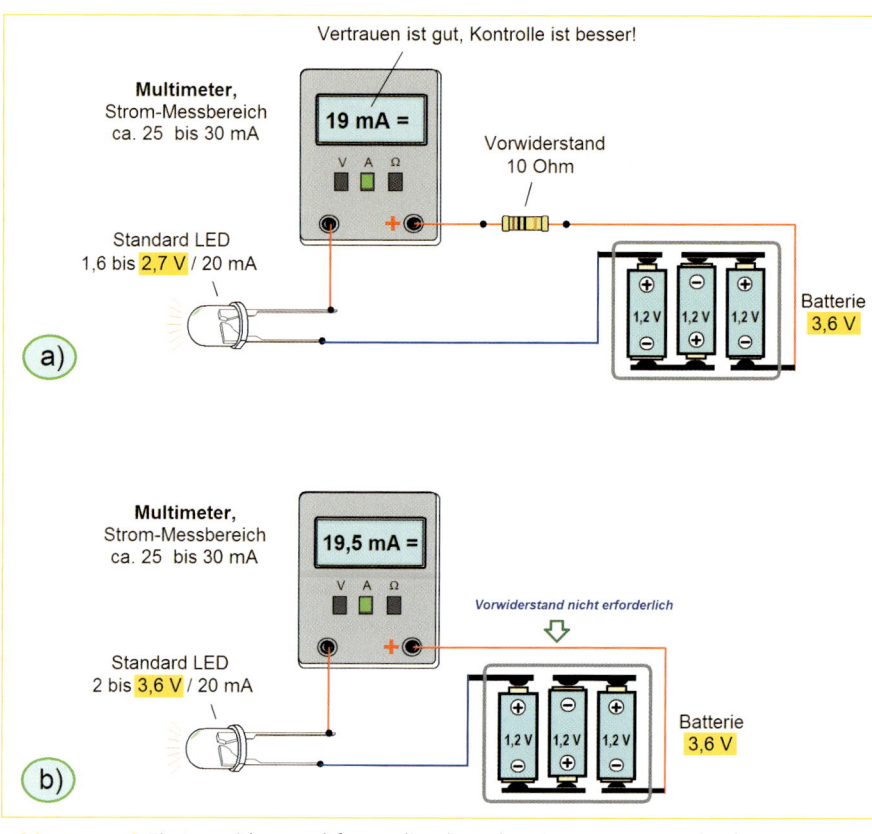

Abb. 2.8 – a) Ein Vorwiderstand fängt die überschüssige Spannung ab, die ansonsten die LED vernichten würde. b) Ist die LED auf die Batteriespannung optimal abgestimmt, entfällt der Vorwiderstand, wenn der LED-Strom I_F das erlaubte Maximum (von 20 mA) nicht überschreitet.

Intensität der Beleuchtung nur durch einen kaum wahrnehmbaren Rückgang aus. Wird dagegen eine so kräftig wie möglich leuchtende LED-Beleuchtung angestrebt, dann kann die Batteriespannung auf einen angemessen niedrigeren Wert stabilisiert werden. Wie so etwas gemacht wird, zeigen wir

noch an Beispielen konkreter Bauanleitungen.

In den meisten Fällen geben wir uns damit zufrieden, dass die Leuchtdiode, eine Leuchtdioden-Kette oder ein Leuchtdioden-Feld einen Vorwiderstand erhält, der nach dem Beispiel aus *Abb. 2.8/2.11* den „überflüssigen" Teil

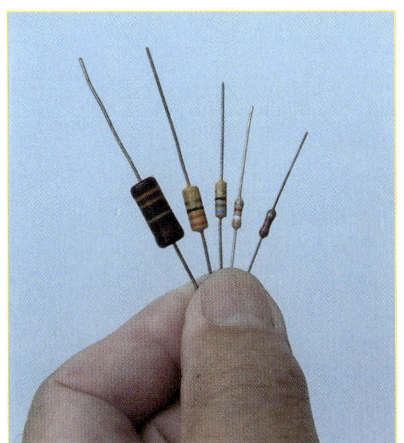

Abb. 2.9 – Widerstände sind in verschiedenen Größen (Leistungen) erhältlich.

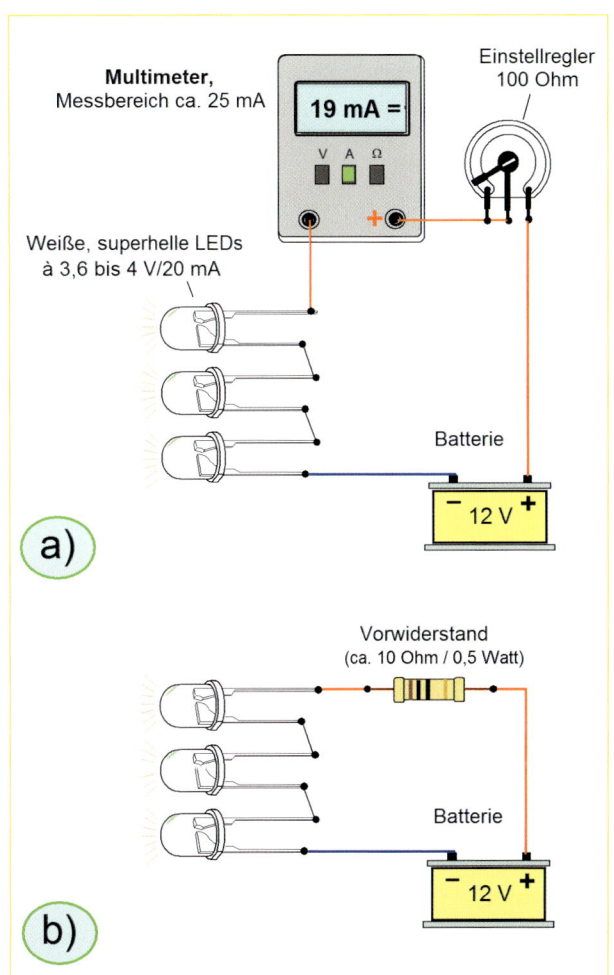

a)

Multimeter, Messbereich ca. 25 mA

19 mA =

V A Ω

Einstellregler 100 Ohm

Weiße, superhelle LEDs à 3,6 bis 4 V/20 mA

Batterie

12 V

b)

Vorwiderstand (ca. 10 Ohm / 0,5 Watt)

Batterie

12 V

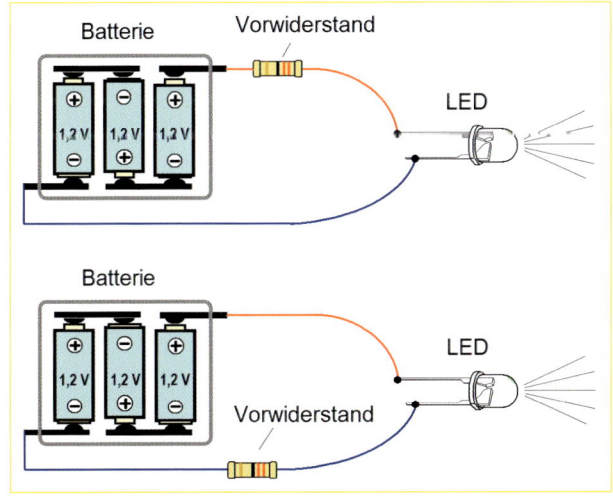

Batterie   Vorwiderstand

1,2 V 1,2 V 1,2 V

LED

Batterie

1,2 V 1,2 V 1,2 V

LED

Vorwiderstand

Abb. 2.10 – An welcher Stelle des Stromkreislaufs der *Vorwiderstand* angeschlossen wird, spielt keine Rolle.

Abb. 2.11 – Werden mehrere LEDs in Reihe an eine Batterie angeschlossen, wird der ohmsche Wert des Vorwiderstands ähnlich festgelegt, wie es bereits in *Abb. 2.5/2.6* gezeigt wurde: a) Ermittlung des optimalen Vorwiderstands. b) Der Einstellregler kann (aber muss nicht) in der definitiven Schaltung durch einen Widerstand ersetzt werden.

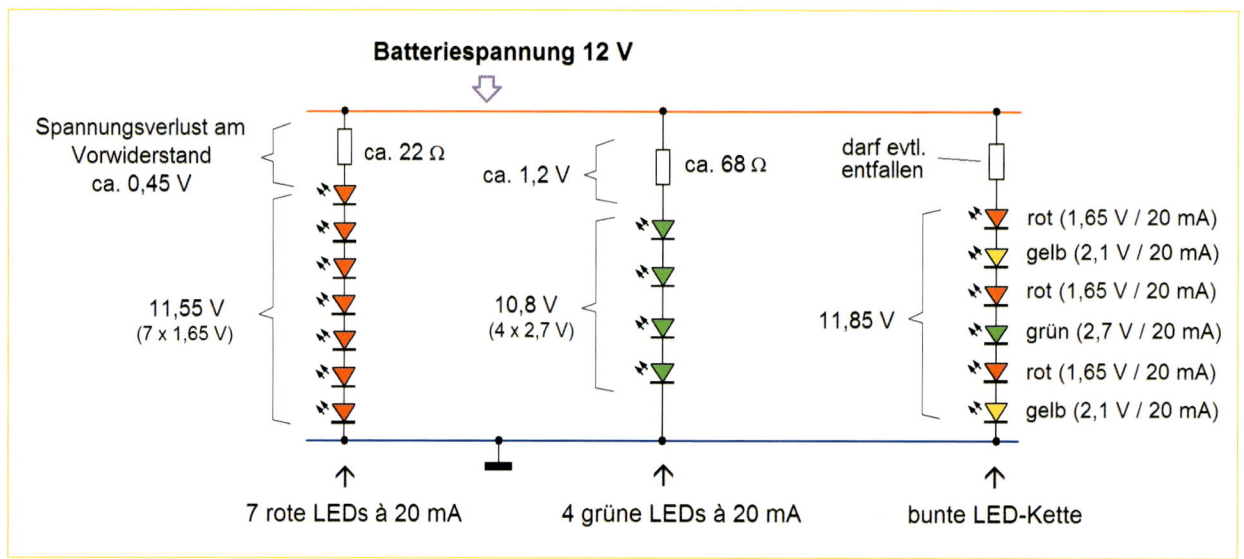

Abb. 2.12 – Aus vorselektierten LEDs, die alle für denselben Strom I$_F$ ausgelegt sind, können bei Bedarf auch längere Ketten gebildet werden, bei denen der Vorwiderstand auf die bereits beschriebene Weise ermittelt wurde (diese Schaltung benutzt die gängigen Elektronik-Schaltzeichen der Widerstände und LED-Dioden).

der Batteriespannung abfängt. Vereinfacht formuliert „frisst" der Vorwiderstand den vorgesehenen Spannungsteil in sich hinein und gibt ihn als Wärme an die Umgebung ab. Er fungiert sozusagen als ein kleiner Heizkörper, der überflüssige Energie in Wärme umwandelt, und muss daher für eine ausreichend hohe Leistung (von z. B. ¹/₄, ¹/₂, 1 oder 2 Watt usw.) nach *Abb. 2.10* ausgelegt sein. Ist er unterdimensioniert, heizt er sich zu sehr auf und verbrennt.

Eine Leuchtdiode, die nach *Abb. 2.8 a* laut ihrer technischen Daten für eine Betriebsspannung von 1,6 bis 2,7 V ausgelegt ist, darf an eine 3,6-Volt-Batterie nicht direkt angeschlossen werden (die zu hohe Batteriespannung würde sie vernichten). Daher muss in den „Stromkreislauf" ein *Vorwiderstand* eingelötet werden, der den unerwünschten Spannungsüberschuss abfängt. Wie hoch der unerwünschte Spannungsüber-

schuss bei der vorgesehenen LED tatsächlich ist, sollte bevorzugt nach *Abb. 2.5/2.6 a* festgestellt werden, da dies typenabhängig variieren kann. Der in den Katalogen angegebene Spannungsbereich **U$_F$** ist dabei nur als ein Richtwert zu betrachten.

Es spielt keine Rolle an welcher Stelle (an welchem Pol der Batterie) dieser Vorwiderstand angebracht wird *(Abb. 2.10)*. Daher wird dieser Widerstand oft auch als *Reihenwiderstand* bezeichnet, weil er einfach „irgendwo" in Reihe mit der LED – bzw. mit mehreren LEDs – eingelötet wird. Wir bleiben dennoch bei der etablierten Bezeichnung *Vorwiderstand,* da sie hier eindeutiger auf die Aufgabe des Widerstands hinweist.

Oft ist es von Vorteil, wenn man sich vor der Erstellung einer experimentellen Schaltung nach 2.12 den ohmschen Wert des Vorwiderstands ausrechnen kann. Das geht leicht nach folgender Formel:

Überschüssige Spannung [in Volt] :
LED-Strom [in Ampere] **= Vorwiderstand** [in Ohm]

Beispiel A:

Die erste LED-Kette in *Abb. 2.12*
besteht aus sieben roten LEDs, die
theoretisch eine Spannung von
11,55 Volt benötigen würden. Bei
Anschluss dieser Kette an eine 12-
Volt-Spannung sollte der Vorwiderstand theoretisch eine überschüssige
Spannung von 0,45 Volt abfangen
(12 V – 11,55 V = 0,45 V).

Die LED-Kette bezieht einen Strom von 20 mA
(Milliampere). Das sind 0,02 A (Ampere), die wir in unsere Formel (ohmsches Gesetz) einsetzen müssen:

0,45 [Volt] : 0,02 [Ampere] = 22,5 Ohm (Vorwiderstand)

Ein Widerstand von 22,5 Ohm ist zwar nicht handels-
üblich, wohl aber ein Widerstand von 22 Ohm, den wir
in unsere Schaltung eingezeichnet haben. In der Praxis
kann es sich ergeben, dass diese LED-Kette (falls wir
den tatsächlichen Strom messen) bei diesem Vorwiderstand nur einen Strom von z. B. 17,5 mA bezieht und
dass daher dieser Vorwiderstand entfallen darf. Danach
bezieht die Kette möglicherweise immer noch einen
Strom von z. B. 19 mA, denn so exakt, wie es in den
Prospekten steht, läuft es bei den meisten LEDs nicht.
Daher ist nur darauf zu achten, dass der vom Hersteller
angegebene LED-Strom I_F nicht überschritten wird.

Beispiel B:

Wir möchten in die Zuleitung zu einem 12-Volt-Solar-
ventilator eine Kontroll-LED nach *Abb. 2.13* anbringen,

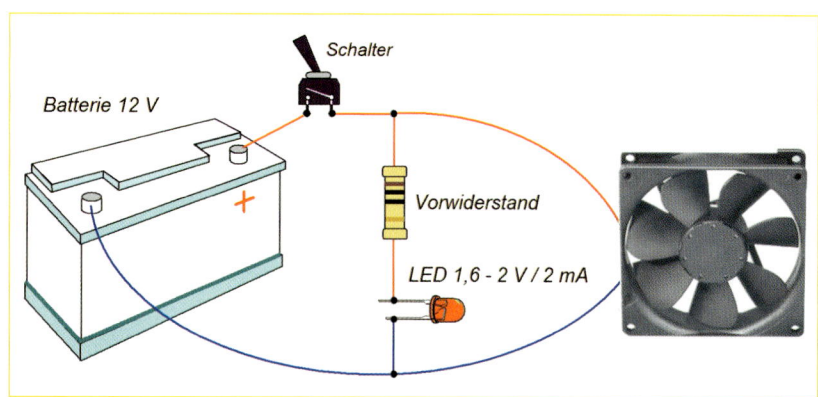

Abb. 2.13 – Anordnungsbeispiel der Kontroll-LED in dem Schaltkreis nach
Beispiel B.

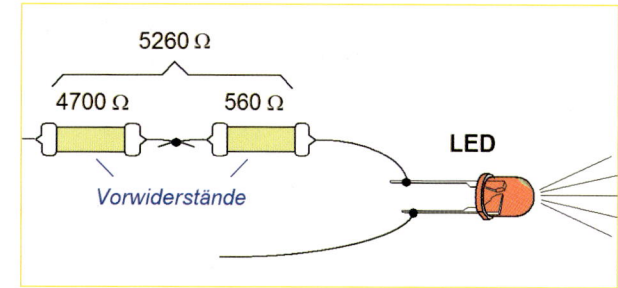

Abb. 2.14 – Die einzelnen ohmschen Werte der in Reihe
geschalteten Widerstände addieren sich.

die leuchtet, wenn der Ventilator eingeschaltet ist. Um Solarenergie zu sparen, haben wir zu diesem Zweck eine Low-Current-LED angewendet, die nur einen Strom von 2 mA (= 0,002 A) bezieht, und dennoch ausreichend kräftig leuchtet, wenn sie eine Versorgungsspannung von mindestens 1,6 Volt erhält. Der Vorwiderstand sollte demzufolge in diesem Fall eine Spannung von 10,4 Volt abfangen können (12 V – 1,6 V = 10,4 V).

Wie schön, dass es die Taschenrechner gibt:

10,4 V : 0,002 A = 5200 Ohm

Unter den Standard-Widerständen gibt es keinen solchen Wert, wohl aber einen 5600 Ohm(Ω)-Widerstand. Hier geht Probieren über Studieren: Bei einem **5600-Ω**-Widerstand leuchtet diese LED etwas zu schwach. Das lässt sich ändern: Man kann einen **4700-** und einen **560-Ω**-Widerstand nach *Abb. 2.14* in Reihe zusammenlöten. Die ohmschen Werte der zwei Widerstände addieren sich und das ergibt einen Widerstand von **5260 Ω**. Jetzt klappt es mit der Leuchtkraft der LED prima.

Die kleine Abweichung des ohmschen Werts unserer Widerstand-Duos spielt bei dieser Größenordnung keine Rolle – was wir mithilfe eines Milliamperemeters (nach dem Beispiel aus *Abb. 2.5)* leicht überprüfen können.

Die Nennleistung eines Vorwiderstands sollte nicht ganz außer Acht gelassen werden. Sie lässt sich genau so leicht ausrechnen wie z. B. der Grundriss eines Raums. Bei dem Raum muss man seine Länge und Breite kennen, bei dem Widerstand die Spannung, die er „abfangen" muss, und den Strom, der durch ihn und durch die LED fließt. Das sehen wir uns nun am folgenden Beispiel genauer an:

Beispiel C:
Der 5200-Ω-Widerstand aus *Abb. 2.13/2.14* soll eine Spannung von **10,4 V** abfangen. Dabei fließt durch ihn ein Strom von **0,002 A**. Die Formel für die elektrische **Leistung** (in Watt), die er in Wärme umwandeln muss, ist einfach:

Spannung [V] × **Strom** [A] = **Leistung** [W]

Mit konkreten Zahlen aus unserem Beispiel ergibt sich daraus:

10,4 V × 0,002 A = 0,028 Watt

Die kleinsten Standard-Kohleschicht-Widerstände fangen erst bei 0,1 und 0,25 Watt an. In diesem Fall können wir also für die zwei benötigten Vorwiderstände (von 4700 und 560 Ω) die kleinsten Widerstände verwenden.

Soweit zu den allgemeinen Vorinformationen. Nun sehen wir uns die für uns interessanten Eigenschaften einzelner LED-Typen näher an:

2.1 Standard-Leuchtdioden

Standard-Leuchtdioden gehören zu der ältesten Gattung der LEDs und wurden ursprünglich vor allem als Signalleuchten entwickelt. Als solche werden sie noch immer mit Vorliebe angewendet. Sie eignen sich aber auch für die Erstellung dekorativer Blickfänger, Mosaike, Lichtketten einer Partybeleuchtung oder angeordnet zu Ziffern (LED-Hausnummern), kurzer leuchtender Texte, wegweisender Pfeile und Hintergrundbeleuchtung usw.

Die preiswertesten Standard-LEDs sind in den Farben rot, grün und gelb, manchmal auch in orange erhältlich, haben eine runde Form, einen Durchmesser meist zwischen ca. 3 und 8 mm und ein klares oder diffuses (undurchsichtiges) Kunststoffgehäuse. Es gibt aber auch elliptische, viereckige, rechteckige und dreieckige LEDs: Es gibt solche, die blau und weiß leuchten und auch Minis, deren Durchmesser nur ca. 1,9 oder 2 mm beträgt.

Die meisten Standard-LEDs benötigen eine Betriebsspannung von etwa 1,6 bis 2,7 V und einen Strom von nur 0,02 A (20 mA). Einige der Standard-LEDs sind für einen Strom von 0,015 A (15 mA) ausgelegt.

Je nachdem, wie gut sie vom Hersteller oder Anbieter vorselektiert werden, können sie auch zu längeren Ketten (Abb. 2.15) und größeren Flächen (Abb. 2.16) verschaltet werden, wobei allerdings die Versorgungsspannung die maximale Länge der LED-Reihe bestimmt.

Standard-Leuchtdioden sind preiswert und eignen sich daher bevorzugt für verschiedene Experimente, bei denen ab und zu auch etwas kaputt geht. Da hält sich dann der Schaden in zumutbaren Grenzen.

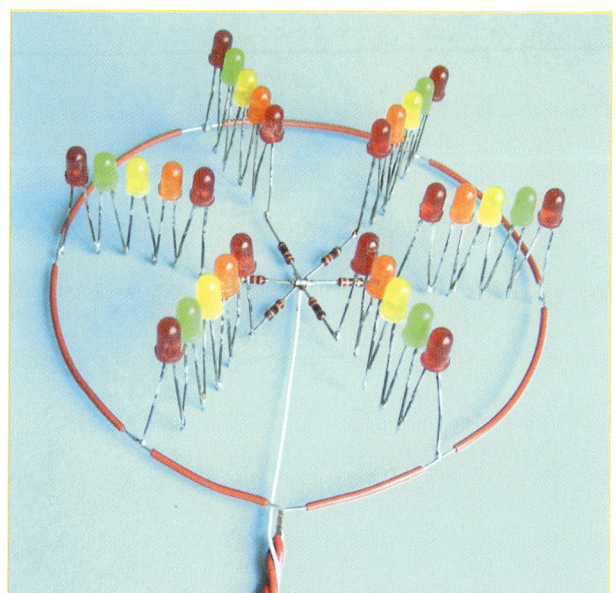

Abb. 2.15 – Ausführungsbeispiel eines LED-Sterns, der aus 30 LEDs (je fünf LEDs pro Reihe) besteht: Die Vorwiderstände sind in der Mitte des Sterns angeordnet.

Abb. 2.16 – Ausführungsbeispiel eines Selbstbau-LED-Mosaikbausteins: Beliebig viele solcher Einzelelemente lassen sich zu dekorativen Flächen zusammensetzen und können z. B. als eine attraktive Deckenbeleuchtung einer Kellerbar dienen, deren Ornamente sich fließend kaleidoskopisch verändern (Autoren-Kreation).

2.2 Low-Current-LEDs

Als Low-Current-LEDs werden Leuchtdioden bezeichnet, die bei einem geringen Stromverbrauch (zwischen 2 und 4 mA) relativ stark leuchten. Das macht sie für Anwendungen in der Photovoltaik attraktiv, denn sie arbeiten energiesparend. Diese LEDs leuchten aber dennoch etwas schwächer als einige der besseren Standard-LEDs. Sie eignen sich daher nicht für eine gezielte Raum- oder Objektbeleuchtung, sondern nur als leuchtende Anzeigen, Blickfänger, Dekorationen oder einfach für Anwendungen, bei denen nur die LEDs selbst gut sichtbar sein sollen.

Als ein praktisches Anwendungsbeispiel kann eine leuchtende Selbstbau-Hausnummer dienen, die nach *Abb. 2.17* direkt aus einzelnen Low-Current-LEDs erstellt werden kann. Wir haben in diesem Fall grüne Low-Current-LEDs verwendet, deren Stromabnahme 4 mA beträgt und die bei einer Versorgungsspannung von 2 V pro LED ausreichend kräftig leuchten (es gibt jedoch auch grüne *Low-Current-LEDs*, die für eine Stromabnahme von nur 2 mA ausgelegt sind). In diesem Beispiel sind – bis auf eine Ausnahme – jeweils drei LEDs in Reihe geschaltet, die von einer 6-Volt-Batterie mit Strom versorgt werden. Eine Ausnahme bilden die zwei LEDs der Ziffer 1. Anstelle der dritten LED wurde hier ein Vorwiderstand (von 500 Ohm) eingelötet.

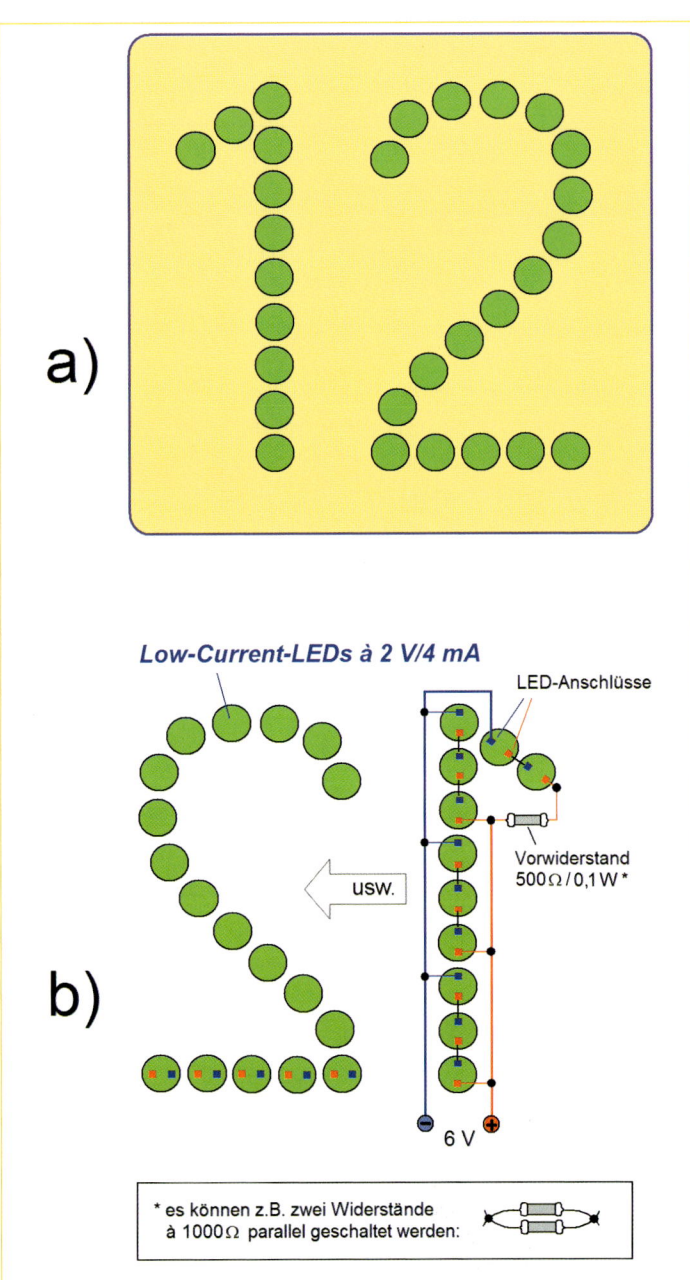

Abb. 2.17 – Ausführungsbeispiel einer Hausnummer, die aus runden Low-Current-LEDs à 2 V/4 mA zusammengestellt ist: **a)** Anordnung der LEDs. **b)** Rückansicht mit einem Beispiel der Durchverbindungen der LED-Trios bei der Ziffer 1.

Abb. 2.18 zeigt die eigentliche Ver-schaltung der LEDs unserer Haus-nummer 12. Die einzelnen LEDs und der Vorwiderstand sind hier mit ihren Elektronik-Schaltzeichen dargestellt. In welcher Reihenfolge die Leuchtdioden einer solchen Hausnummer miteinander verbun-den werden, spielt keine Rolle. Es bleibt auch im persönlichen Ermes-sen, welche Versorgungsspannung (Batteriespannung) für solch ein solarbetriebenes „Kunstwerk" an-gewendet wird. Würde man hier z. B. eine Versorgungsspannung von 12 Volt wählen, könnten je-weils 6 LEDs pro Sektion in Reihe geschaltet werden usw.

Das hier aufgeführte Beispiel mit der Hausnummer zeigt nur das Prinzip und die eigentliche Konfi-guration der LEDs. Auf die eigent-liche Versorgung mit Solarstrom und auf den ebenfalls erforder-lichen Dämmerungsschalter kom-men wir in den Kapiteln 3 und 4 zu-rück.

Wenn unterschiedliche LEDs für eine Reihenschaltung verwendet werden, müssen sie zwingend für den gleichen Betriebsstrom (I_F) aus-gelegt sein. Die Betriebspannung (U_F) der einzelnen LEDs darf dann bei einer Reihenschaltung unter-schiedlich sein, aber einen gemein-samen Vorwiderstand können dann nur LED-Reihen mit der glei-

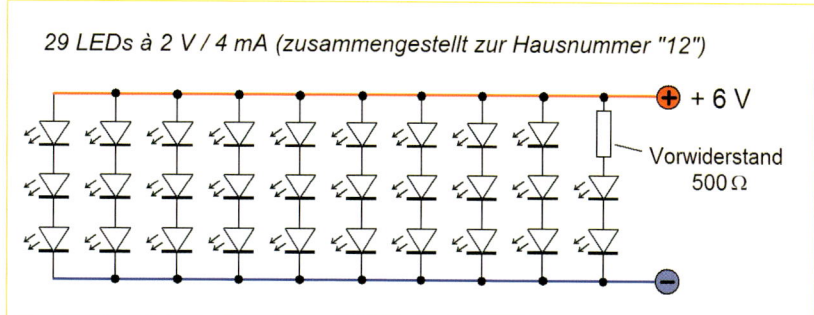

Abb. 2.18 – Verschaltung der LEDs aus Abb. 2.17 in der Form eines Elektronik-Schaltplans.

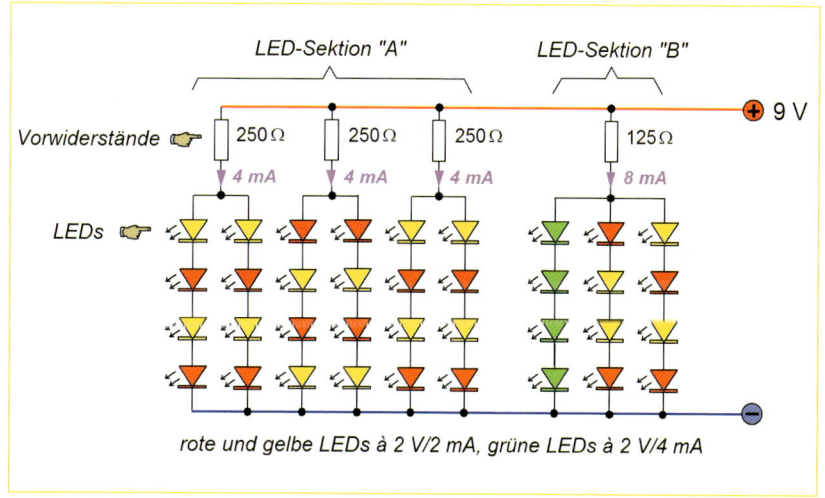

Abb. 2.19 – Werden mehrere LEDs in Reihen geschaltet, kann bei Bedarf auch ein gemeinsamer Vorwiderstand für mehrere LED-Reihen verwendet werden, wenn die Betriebsspannungen der LEDs pro Reihe identisch sind.

chen Anschlussspannung erhalten. Diese ergibt sich aus der Summe der Spannungen einzelner LEDs.

In der Praxis sollte dennoch den technischen Daten der LEDs nicht blind vertraut werden, da es manch-mal auffallende Unterschiede auch in der Leuchtkraft von LEDs der glei-chen Type und Farbe geben kann. Dies gilt vor allem für den Selbstbau, denn da können auch beim Liefe-ranten unter Umständen die LEDs

2.2 Low-Current-LEDs

aus verschiedenen Lieferungen vermischt sein. Eine Vorselektion der LEDs, die für eine LED-Hausnummer oder -Kette vorgesehen sind, ist daher zu empfehlen.

Wie dem Beispiel in *Abb. 2.19* zu entnehmen ist, können in der Sektion **A** die gelben und roten LEDs beliebig kombiniert werden, da sie für die gleiche Betriebsspannung und den gleichen Betriebsstrom ausgelegt sind. Ob nun jeweils nur zwei oder mehrere der LED-Reihen einen gemeinsamen Vorwiderstand erhalten, spielt theoretisch keine Rolle. So könnten z. B. alle sechs Reihen der LED-Sektion **A** einen gemeinsamen Vorwiderstand erhalten. Da hier die Stromabnahme bei allen der sechs LED-Reihen (der Sektion A) identisch ist, würde dann der ohmsche Wert des Vorwiderstands auf 1/3 von den 250 Ω (Ohm) sinken. Das wären theoretisch 83,333 Ω. Nun können wir uns – quasi als einfache Übung – noch ausrechnen, welcher Vorwiderstand bei dieser Schaltung theoretisch fällig wäre, wenn wir für alle 9 LED-Reihen einen gemeinsamen Vorwiderstand verwenden möchten:

Die LEDs der Sektion A beziehen einen Strom von 6 × 0,002 A (6 × 2 mA). Das sind insgesamt 0,012 A. Die LEDs der Sektion B beziehen einen Strom von 0,008 A (die grünen LEDs stellen hier die hungrigeren Stromfresser dar). Dis Stromabnahme aller LEDs beträgt also 0,02 A (20 mA).

Wir haben hier eine Versorgungsspannung von 9 Volt, davon muss der Vorwiderstand 1 Volt abfangen. Um bei den vielen Nullen keinen Rechenfehler zu machen, verlassen wir uns hier lieber auf einen Taschenrechner:

1 [V] : 0,02 [A] = 50 Ω (Ohm)

Jetzt wäre noch die Frage zu klären, für welche Leistung dieser Vorwiderstand ausgelegt sein müsste: 1 Volt (als die Spannung, die der Vorwiderstand abfangen muss) multipliziert mit dem Strom von 0,02 A ergibt eine Leistung von 0,02 Watt. Da gibt es also keine Probleme, wenn z. B. ein kleiner 0,1-Watt oder 0,25-Watt-Widerstand angewendet wird.

Bitte nicht vergessen

Der Strom muss in eine Formel immer **in Ampere** (nicht in Milliampere), die Spannung **in Volt** (nicht in Millivolt) und der Widerstand **in Ohm** (nicht z. B. in Kiloohm) eingegeben werden. Dementsprechend sind dann auch die berechneten Werte ebenfalls in Ampere, Volt, Ohm bzw. in Watt.

Für diverse Planungsüberlegungen rechnen wir jedoch z. B. den ausgerechneten LED-Strom nachher oft von Ampere in Milliampere um, wenn bei dem Projekt nur "kleine" LEDs angewendet werden, deren Strom (I_F) in Milliampere angegeben wird. Das erleichtert den Überblick und das Kopfrechnen.

Die Umrechnung der Ampere in Milliampere erfolgt dabei nach demselben Prinzip wie die Umrechnung von Metern in Millimeter:

1 A = 1000 mA

0,1 A = 100 mA

0,01 A = 10 mA

0,001 A = 1 mA

2.3 Superhelle und ultrahelle LEDs

Superhelle oder *ultrahelle* Leuchtdioden werden – ähnlich wie die herkömmlichen Leuchtdioden – als *LEDs* bezeichnet. Die Bezeichnung „superhell" oder „ultrahell" darf dabei nur als Hinweis darauf betrachtet werden, dass diese Leuchtdioden ein wesentlich kräftigeres Licht geben als die herkömmlichen Standard-LEDs. Es gibt aber keine technisch definierbaren Grenzen zwischen den schwächer und den kräftiger leuchtenden LEDs.

Welche der LEDs als *superhell* oder als *ultrahell* von den Anbietern angepriesen oder vom Anwender gesehen werden, hängt daher vom jeweiligen Ermessen oder dem Stadium der Entwicklung ab. Aus dieser Sicht dürften auch die *Low-Current-LEDs* gewissermaßen als *superhell* betrachtet werden, denn ihr Energieverbrauch liegt – bei ziemlich hoher Leuchtkraft – nur bei etwa 10 bis 20 % des Energieverbrauchs der Standard-LEDs.

Bei der Entwicklung superheller oder ultraheller Leuchtdioden wird angestrebt, dass sie einen möglichst großen Teil der bezogenen elektrischen Energie in Licht umwandeln. Besondere Aufmerksamkeit widmen hier die Hersteller der Weiterentwicklung wei-

ßer superheller LEDs, deren Farbspektrum dem Tageslicht oder zumindest dem Licht einer Glühlampe entspricht.

Superhelle – bzw. ultrahelle – LEDs gehören, neben Energiespar- und Leuchtstofflampen, zu den attraktivsten energiesparenden Leuchtkörpern. Sie eignen sich hervorragend auch für den Einsatz in der Solartechnik, denn einzelne LEDs als Bausteine geben sich mit sehr niedrigen Betriebsspannungen (ab ca. 3 Volt pro LED) zufrieden.

Im Gegensatz zu den meisten herkömmlichen Lampen ist es bei den LEDs mit einem Vergleich der Lichtintensität nicht so einfach, wie wir es von unseren Glühlampen kennen. Da hat uns üblicherweise die Angabe der Leistungsabnahme in Watt genügt, um beurteilen zu können, ob die Glühlampe für die Schreibtischlampe oder Deckenleuchte im Bad geeignet ist. Bei den LEDs – und vor allem bei den superhellen LEDs – müssen jeweils zwei

wichtige Parameter verglichen werden: die Leuchtkraft und der Abstrahlwinkel.

Die **Leuchtkraft** wird bei den meisten Leuchtdioden und bei gebündelt strahlenden Lichtquellen als **Lichtstärke** in *Candela (cd)* bzw. in *Millicandel (mcd)* angegeben. Bei einigen *High-Power-Leuchtdioden* – wie auch bei den herkömmlichen Glüh-, Leuchtstoff- und Halogenlampen – wird die Leuchtkraft wiederum meist als **Lichtstrom** in *Lumen (lm)* definiert. Das bringt etwas Chaos in das Thema, denn es handelt sich um zwei sehr unterschiedliche Bewertungsparameter:

- Die in *Candela (cd) oder Millicandel (mcd)* angegebene **Lichtstärke** bezieht sich auf die Ausleuchtung einer begrenzten Fläche (eines Raumwinkels) und berücksichtigt dabei nicht die globale Leuchtleistung.
- Der in *Lumen (lm)* angegebene **Lichtstrom** stellt die Summe

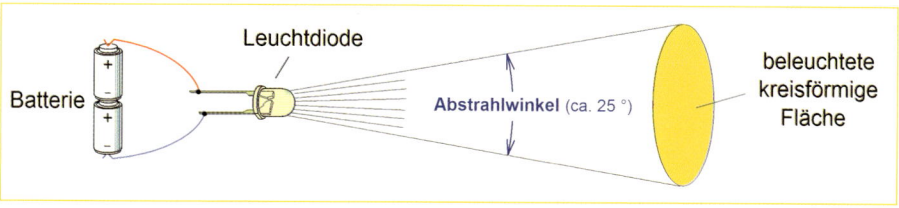

Abb. 2.20 – Von dem Abstrahlwinkel einer LED hängt die Form ihres Lichtkegels und somit Größe und damit zusammenhängende Ausleuchtung der erhellten Fläche ab (aus dem Katalog von Conrad Electronic).

2.3 Superhelle und ultrahelle LEDs

des gesamten Lichtstroms (die gesamte Leuchtleistung) dar, der von einer Lampe „rundum" in die Umgebung ausgestrahlt wird.

Da sich die in Prospekten und Katalogen angegebene *Lichtstärke* bei einer LED nur auf einen kleinen Raumwinkel bezieht, hängt sie vom jeweiligen *Abstrahlwinkel* ab (der alternativ auch als Öffnungs- oder Beobachtungswinkel bezeichnet wird). Je kleiner der *Abstrahlwinkel* einer LED ist, desto höher ist ihre *Lichtstärke*. Was man sich darunter konkret vorstellen dürfte, verdeutlicht *Abb. 2.20:* Bei Leuchtdioden mit derselben Leuchtkraft sinkt die Lichtstärke mit der „Breite" des Abstrahlwinkels, da sich die Photonendichte bei größeren Abstrahlwinkeln auf eine ausgedehntere Fläche verteilt.

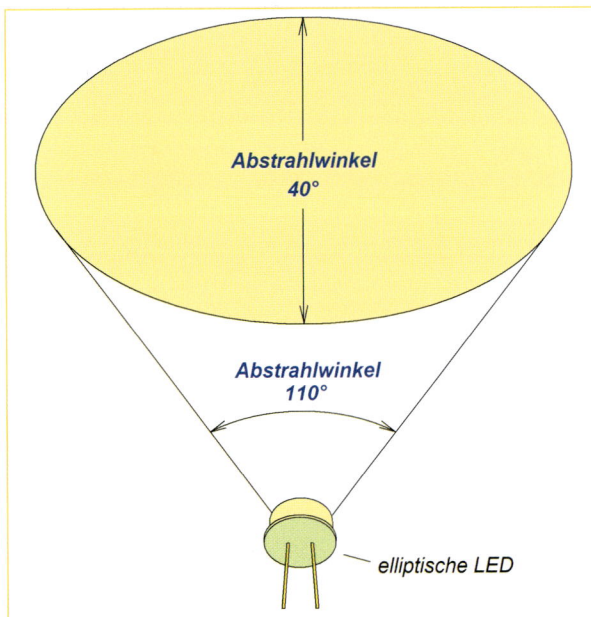

Abb. 2.21 – Die elliptische superhelle Leuchtdiode von *Everlight* hat achsenbezogen zwei unterschiedliche Abstrahlwinkel: In der Achse x beträgt der Abstrahlwinkel 110° und in der Achse y nur 40°.

Weiße, superhelle LEDs

U_F : 3,6 V, max. 4,0 V
I_F : 20 mA

Gehäuse-durchmesser	Licht-stärke I_v	Ausführung	Abstrahl-winkel
3 mm	1100 mcd	diffus	70 °
3 mm	2070 mcd	wasserklar	60 °
3 mm	3200 mcd	wasserklar	25 °
5 mm	690 mcd	diffus	70 °
5 mm	2500 mcd	wasserklar	50 °
5 mm	6400 mcd	wasserklar	30 °
5 mm	9200 mcd	wasserklar	20 °
5 mm	18000 mcd	wasserklar	15 °

Tab. 2.1 – In den technischen Daten superheller Leuchtdioden wird in der Regel auch der Abstrahlwinkel aufgeführt (Auszug aus dem Katalog von Conrad Electronic).

Bei der Suche nach einer passenden LED hängt die Frage des optimalen *Abstrahlwinkels* davon ab, ob dieser als ein „Beobachtungswinkel" oder als der „Winkel eines Beleuchtungs-Lichtkegels" seine Aufgabe zu erfüllen hat.

Leuchtdioden, die als optische Anzeigen, Blickfänger, leuchtende Ornamente oder Figuren nur für den Beobachter gut sichtbar sein sollen, müssen einen *Abstrahlwinkel* haben, der dem vorgesehenen Beobachtungswinkel gerecht wird. Der maximale Abstrahlwinkel handelsüblicher LEDs beträgt 180°. Ein möglichst großer Abstrahlwinkel ist vor allem bei LEDs erwünscht, die als Hintergrundbeleuchtung verwendet werden. Es gibt auch superhelle LEDs, deren Gehäuse eine elliptische Form hat. Das hat zur Folge, dass ihr Abstrahlwinkel achsenbezogen unterschiedlich ist – wie *Abb. 2.21* zeigt.

2.3 Superhelle und ultrahelle LEDs

Weiße Hochleistungs-SMD-LEDs
Länge: 9 mm, Breite: 6 mm, Höhe: 1,5 mm
Abstrahlwinkel: 120 °

Typ	Farbe	Lichtstärke I_v	I_F	U_F
SMD-LED 1210 BL	blau	285 mcd	75 mA	5,5 V
SMD-LED 1210 GN	grün	1200 mcd	75 mA	5,5 V
SMD-LED 1210 GE	gelb	2000 mcd	175 mA	2,2 V
SMD-LED 1210 RT	rot	1800 mcd	175 mA	2,2 V
SMD-LED 1210 WS	weiß	1400 mcd	75 mA	5,5 V

Tab. 2.2 – Die besonders großen Hochleistungs-LEDs der SMD-Megabright-Serie lassen sich problemlos auch mit einem normalen Lötkolben löten (Auszug aus dem Katalog von Reichelt Elektronik).

Praktisch sind für eine raumsparende Hintergrundbeleuchtung auch die winzigen SMD-Leuchtdioden. Einige der größeren SMD-LEDs (Tab. 2.2 und 2.3) lassen sich – im Gegensatz zu diversen anderen SMD-Dioden – auch mit einem normalen Elektronik-Lötkolben problemlos löten und sind daher für den Selbstbau geeignet.

Interessant an den in *Tab. 2.3* aufgeführten Hochleistungs-SMD-LEDs von *LUMICRO* ist, dass in ihrem Gehäuse mehrere LED-Chips nebeneinander untergebracht sind. Zusätzlich ist diese SMD-LED durch eine in das Gehäuse integrierte Zenerdiode gegen Elektrostatik-Beschädigungen geschützt.

Bemerkung: Ein LED-Abstrahlwinkel ab ca. 120° aufwärts eignet sich gut für die Hintergrundbeleuchtung von z. B. LED-Hausnummern, Namensschildern oder Werbetafeln. Ein Abstrahlwinkel von 90° bis ca. 100° entspricht dem Beobachtungswinkel, aus dem ein Text bei Beobachtung von der Seite gut lesbar ist. Für Lichteffekte, dekorative Figuren, Warnanzeigen und Warnlichter hängt die Breite des tatsächlichen Beobachtungswinkels einfach von der Breite der möglichen Beobachtungs- oder Wahrnehmungsstandorte ab.

Bei Leuchtdioden, die als Strahler oder Scheinwerfer eingesetzt werden, kommt es bei der Wahl des optimalen Abstrahlwinkels auf die Größe der Fläche an, die ausgeleuchtet werden soll. Manche der superhellen LEDs sind herstellerseitig mit einer speziellen Optik (z. B. integrierten Linsen) versehen, die sich auf die Qualität

Weiße Hochleistungs-SMD-LEDs
Betriebsspannung U_F der hier aufgeführten LEDs: 3,4 V
Betriebstemperatur: -30 ° bis +85°C

Typ	Farbe	Lichtstärke I_v	I_F	Abstrahlwinkel	(L x B X H) mm
LMFLC4WA	Warm-Weiß	4000 mcd	80 mA (max. 120 mA)	120 °	4,5 x 4,9 x 1,9
LMFL2P35A 1WWZ03	Warm-Weiß	900 mcd	20 mA (max. 30 mA)	120 °	4,5 x 4,9 x 1,9
LMFLC4500	Weiß	4000 mcd	80 mA (max. 100 mA)	120 °	4,9 x 4,5 x 1,9

Tab. 2.3 – Die Hochleistungs-SMD-LEDs von *LUMIMICRO* weisen bei kleinen Abmessungen eine sehr hohe Lichtausbeute bei breitem Abstrahlwinkel und geringer Wärmeentwicklung auf (Auszug aus dem Katalog von Conrad Electronic).

2.3 Superhelle und ultrahelle LEDs

der Lichtverteilung auswirkt. Mithilfe solcher Optik kann die Qualität der Ausleuchtung erhöht oder ein schmaler Lichtstrahl erzielt werden.

Wird eine leistungsstarke Leuchtdiode für die Belichtung eines Objekts oder einer Fläche benötigt, hängt es von ihrer Ausführung (Type) ab, inwieweit ihre *Ausstrahlungscharakteristik* den vorgesehenen Ansprüchen gerecht werden kann. Darunter ist Folgendes zu verstehen:

- Der *Abstrahlwinkel* stellt bei vielen Leuchtdioden nur einen Richtwert dar. Sofern die Leuchtdiode über keine zusätzliche (interne oder externe) Optik verfügt, kann – technologisch bedingt – der Abstrahlwinkel „rund um die LED" erhebliche Unterschiede aufweisen.
- Auf der vom Abstrahlwinkel abhängigen beleuchteten Fläche ist nur bei Leuchtdioden mit einer spezielleren Optik die Lichtverteilung ausgewogen.

Wie sich diese Eigenschaften bei der einen oder anderen Leuchtdiode in der Praxis auswirken, lässt sich auf mehrere Arten austesten:

a) Für einen einfachen Vergleich mehrerer LED-Typen genügt es oft, wenn ihre Lichtkegel in einem verdunkelten Raum einfach gegen eine Wand „projiziert" werden. Wird dabei z. B. eine größere Zeitung als „Leinwand" benutzt, sind auch die Unterschiede in der Intensität der Belichtung (zwischen der Lichtkegel-Mitte und ihrem Rand) erkennbar.

b) Mithilfe eines Luxmeters (der evtl. in einen Fotoapparat eingebaut ist) kann eine solche Messung ebenfalls vorgenommen werden. Mit dem Luxmeter kann dabei z. B. auf der von der LED beleuchteten Fläche an der Wand nur manuell „abgetastet" werden, wie sich die Intensität der Lichtstrahlen des

Lichtkegels von seiner Mitte zu seinem Rand hin verändert.

Eine solche Messung der Ausgewogenheit einer Flächenbeleuchtung kann sich vor allem dann als hilfreich erweisen, wenn sich nach *Abb. 2.22* mehrere LEDs die Beleuchtung einer größeren Fläche untereinander teilen.

Werden zu diesem Zweck Leuchtdioden verwendet, die mit einer Optik für ausgewogene Lichtverteilung versehen sind, kann es zur Folge haben, dass an Stellen, an denen sich mehrere Lichtkreise überdecken, das Licht störend stark wird. Leuchtdioden ohne Optik eignen sich für derartige Vorhaben meist besser, da ihre Lichtintensität am Rand des Lichtkegels oft etwas schwächer ist, womit die von mehreren Lichtkreisen belichteten Flächen nicht überproportional kräftig ausgeleuchtet sind. Auch hier aber „geht Probieren über Studieren", denn projektbezogen nützliche herstellerabhängige Unterschiede sind meist aus den technischen Daten nicht ersichtlich.

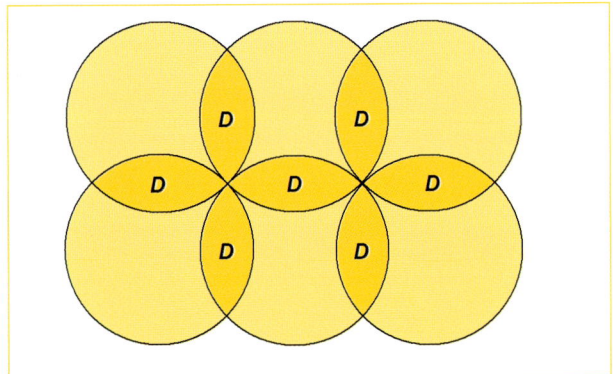

Abb. 2.22 – Wenn sich mehrere LEDs die Beleuchtung bzw. Hintergrundbeleuchtung einer größeren Fläche untereinander teilen, sollten die einzelnen Lichtkegel so ausgerichtet werden, dass die doppelt beleuchteten Teilflächen *D*, die sich überschneiden, nicht allzu störend auffallen.

2.4 Hochleistungs (High-Power)-Leuchtdioden

Bei dem heutigen Stand der Technik gibt es eigentlich keine genau definierbare Schwelle, die eine Grenze zwischen kleineren und größeren, leistungsschwächeren und leistungsstärkeren LEDs bildet. Eine Abstufung dürfte daher nur in Hinsicht auf einige spezielle Eigenschaften von *High-Power-Leuchtdioden*, die für die praktische Anwendung eine wichtige Rolle spielen, möglich sein.

Leuchtdioden weisen im Allgemeinen eine sehr hohe Lebensdauer auf, die oft 100.000, *mehr als* 100.000 oder *bis zu* 100.000 Stunden beträgt. Die Formulierung „bis zu" ist mit Vorsicht zu genießen, wenn es sich um *High-Power-LEDs* handelt, denn hier kann die Lebensdauer wesentlich kürzer sein, als es bei den kleineren Leuchtdioden üblich ist. So wird z. B. bei einigen speziellen 5-Watt-Leuchtdioden-Typen eine Lebensdauer von bescheidenen 1000 oder 5000 Betriebsstunden angegeben. Sind solche Dioden z. B. als optische Anzeigen vorgesehen, die nur unter besonderen Umständen (Notfallsituationen) aktiviert werden, ist eine so kurze Lebensdauer nicht hinderlich. Bei der Auswahl von Leuchtdioden, die im Dauerbetrieb oder in länger dauernden Einschaltzyklen arbeiten sollen, ist dagegen eine möglichst lange Lebensdauer erforderlich. Daher sollte in Datenblättern oder Katalogen darauf geachtet werden, ob bei einigen der angebotenen Leuchtdioden nicht ein Sternchen oder Ähnliches auf eine Bemerkung hinweist, in der eine „typenbezogene limitierte Lebensdauer" angegeben wird.

Zudem ist bei der Angabe der theoretischen Lebensdauer einer jeden Leuchtdiode die Tatsache zu berücksichtigen, dass ihr Lichtstrom im Prinzip bereits ab der Inbetriebnahme kontinuierlich abzunehmen beginnt. So nimmt z. B. bei einigen *1-Watt/350-mA-High-Power-LEDs* die Lichtintensität bereits nach ca. 800 Betriebsstunden um 10 % und nach ca. 6000 Betriebsstunden um insgesamt 20 % ab. Danach ist die

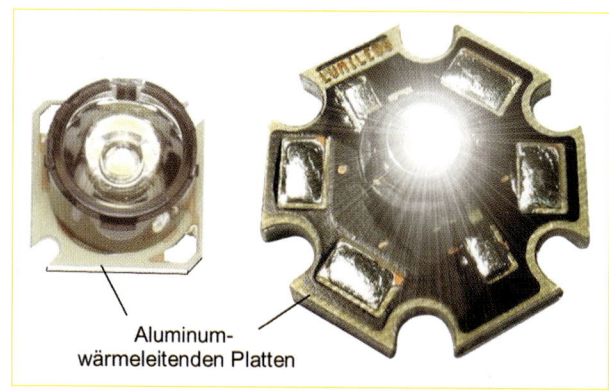

Abb. 2.23 – High-Power-LEDs sind für den Betrieb mit einem Kühlkörper ausgelegt, denn sie heizen sich stark auf.

Aluminum-wärmeleitenden Platten

Lichtintensitätseinbuße nur noch gering und sinkt (nach Herstellerangaben) am Ende ihrer „Lebenserwartung" von ca. 50.000 Betriebsstunden auf etwa 70 bis 72 % der anfänglichen Leuchtkraft herab. Bei einigen der besonders leistungsstarken 5-Watt-LEDs gibt der Hersteller eine Lebensdauer von nur ca. 1000 Stunden an.

Zudem spielt hier auch die Betriebstemperatur der High-Power-LEDs eine wichtige Rolle, denn die vorhergehenden Angaben beziehen sich auf eine Testtemperatur von 70 °C. Wird die tatsächliche Betriebstemperatur niedriger als die 70 °C, verringert sich der Verlust der Lichtintensität. Übersteigt die Betriebstemperatur die in der Grafik vorgesehene Betriebstemperatur von 70 °C, hat es wiederum einen schnelleren Rückgang der Lichtintensität zur Folge. Daher ist es wichtig, dass solche LEDs nur mit zusätzlichen Kühlkörpern betrieben werden, die z. B. nach *Abb. 2.25* auch als Kühlprofile ausgelegt sein können.

Hochleistungs-LEDs sind relativ teuer und daher ist bei der Spannungs-/Stromversorgung dieser Bausteine eine erhöhte Aufmerksamkeit bei der Einstellung des optimalen LED-Stroms geboten.

2.4 Hochleistungs (High-Power)-Leuchtdioden

Eine genaue Stromeinstellung kann z. B. nach *Abb. 2.24* vorgenommen werden. Der interne Spannungsverlust in einem Low-Drop-Spannungsregler beträgt nur ca. 0,5 bis 1 V. Somit bleibt die erforderliche Versorgungsspannung auch dann noch ausreichend hoch, wenn die Batteriespannung in die Nähe der Tiefentladeschwelle sinkt. Der einmal eingestellte LED-Strom bleibt erfahrungsgemäß auch nach langer Betriebszeit konstant. Er sinkt nur geringfügig, wenn die LEDs ihr mittleres Alter erreichen und ihre Leuchtkraft etwas sinkt.

Anstelle einer Selbstbaulösung kann für die LED-Stromregelung auch eines der handelsüblichen LED-Stromsteuergeräte verwendet werden, die in verschiedenen Formen und unter verschiedenen Bezeichnungen im Elektronik-Fach- und Versandhandel zunehmend erhältlich sind.

LEDs, die für eine Montage auf zusätzliche Kühlkörper vorgesehen sind, verfügen oft über Bohrungen oder Ösen für die Schraubverbindung mit einem zusätzlichen Kühlkörper. Abhängig von der anwendungsbezogenen Anordnung solcher LEDs können diese auf einzelne oder gemeinsame Kühlkörper montiert werden. Zu manchen Leuchtdioden sind passende Kühlkörper (bei denselben Bezugsquellen) erhältlich. Für

Luxeon- und Seoul- Hochleistungs LEDs

Typ	Farbe	Licht-strom	Abstrahl-winkel	U_F	I_F	Leistung
LXHL-MWEC	weiß	31 lm	110 °	3,42 V	350 mA	1 W
LXHL-MM1C	grün	40 lm	110 °	3,42 V	350 mA	1 W
LXHL-MD1D	rot	44 lm	140 °	2,95 V	385 mA	1 W
Z-W3228-0	weiß	80 lm	120 °	4,0 V	700 mA	2,5 W
Z-G3228-0	grün	84 lm	130 °	4,0 V	700 mA	2,5 W
LXHL-LW3C	weiß	65 lm *	140 °	3,7 V *	700 mA	3 W
LXHL-LM3C	grün	64 lm *	140 °	3,7 V *	700 mA	3 W
LXHL-LW6C	weiß	120 lm	110 °	6,84 V	700 mA	5 W

* 80 lm (Lumen) bei U_F 3,9 V und I_F 1 A

Tab. 2.4 – Einige High-Power-LEDs aus dem umfangreichen Angebot von Conrad Electronic (Katalog-Teilauszug).

längere Leistungs-LED-Reihen kann als Kühlkörper ein Aluminium-U-Profil (z. B. 40 x 60 x 40 x 4 mm) angewendet werden.

Von der richtigen Dimensionierung der LED-Kühlkörper hängt die „Lebenserwartung" der LED ab. Dabei darf bei blinkenden oder nur jeweils kurz aufleuchtenden Hochleistungs-LEDs der Kühlkörper geringer dimensioniert sein als bei einem Dauerbetrieb. Unter den Begriff „Dauerbetrieb" fällt auch ein Betrieb, der zwar nur relativ kurz

dauert, aber dennoch dazu ausreicht, dass sich die Leuchtdiode auf eine für sie lebensbedrohliche Temperatur aufheizt.

Ähnlich wie bei anderen elektronischen „kühlungsbedürftigen" Bausteinen sollte auch hier zwischen der LED und dem Kühlkörper eine wärmeleitende Paste nicht fehlen.

Der Hinweis auf eine gute LED-Kühlung dürfte etwas irritierend sein, da Leuchtdioden offiziell als kühle Lichtquellen bekannt sind.

2.4 Hochleistungs (High-Power)-Leuchtdioden

Das trifft auf die kleineren LEDs zu. Zumindest „relativ". Eine LED kann bei dem heutigen Stand der Technik mindestens ca. 10 % der ihr zugeführten elektrischen Energie in Licht umwandeln. Der Rest wird zu einem kleinen Teil als „wärmeabtransportierendes" infrarotes Licht, zum größten Teil als Wärme über den Diodenkörper und die Diodenanschlüsse in die Umgebung abgegeben.

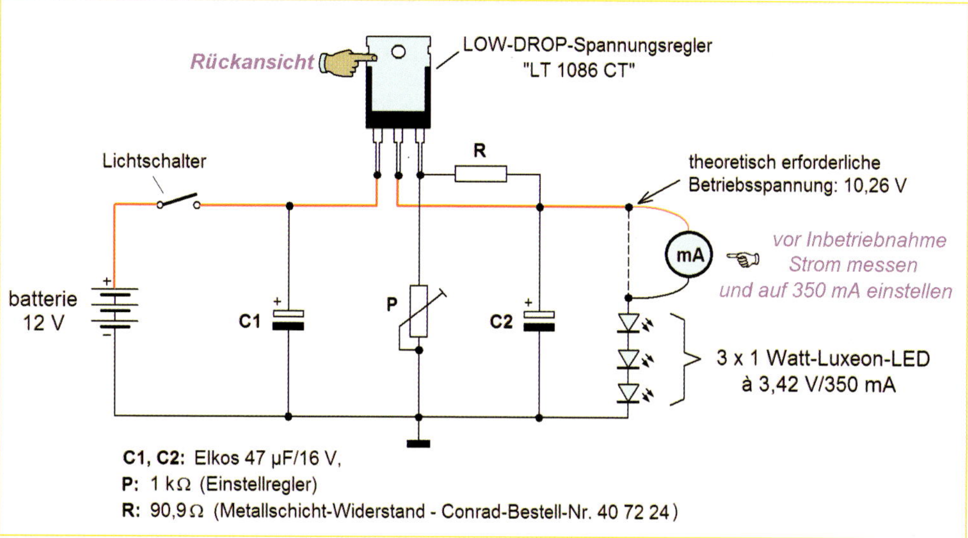

Rückansicht 👉

LOW-DROP-Spannungsregler „LT 1086 CT"

Lichtschalter

R

theoretisch erforderliche Betriebsspannung: 10,26 V

vor Inbetriebnahme Strom messen und auf 350 mA einstellen

mA 👉

batterie 12 V

C1

P

C2

3 x 1 Watt-Luxeon-LED à 3,42 V/350 mA

C1, C2: Elkos 47 µF/16 V,
P: 1 kΩ (Einstellregler)
R: 90,9 Ω (Metallschicht-Widerstand - Conrad-Bestell-Nr. 40 72 24)

Abb. 2.24 – Mithilfe einer einfachen Selbstbau-Spannungsregelung kann eine Stromeinstellung der LEDs kostengünstig erfolgen.

Da bei kleineren LEDs der Energieverbrauch gering ist, hält sich hier auch die Wärmeentwicklung in Grenzen und fällt in der Praxis nicht ins Gewicht. Daher ist auf dem Gehäuse kleinerer superheller Leuchtdioden keine Fläche vorgesehen, die eine Kühlkörpermontage ermöglicht.

Bei leistungsstarken *High-Power-LEDs* muss jedoch eine große Portion der zugeführten Energie in Wärme umgewandelt

werden – und das in einem verhältnismäßig kleinen Baustein. Daher benötigen solche LEDs zusätzliche Kühlkörper, deren Masse und Fläche groß genug sind, um die Wärme durch Konvektion (Ausstrahlung) in die Umgebungsluft abgeben zu können.

Neben einer guten Kühlung ist es für die Lebensdauer leistungsstarker Leuchtdioden wichtig, dass der vorgegebene Betriebsstrom (I_F) nicht überschritten wird.

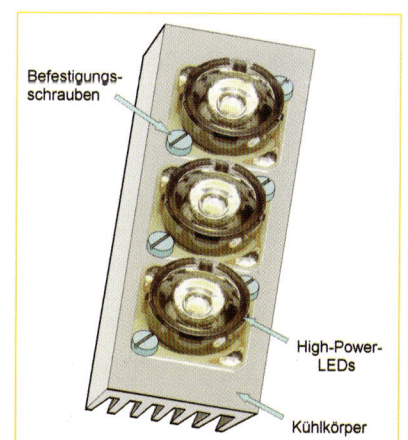

Befestigungsschrauben

High-Power-LEDs

Kühlkörper

Abb. 2.25 – High-Power-LEDs werden oft an gemeinsame Kühlkörper montiert.

2.5 Blinkende Leuchtdioden

Blinkende Leuchtdioden sind meist nur als *Standard-LEDs* für eine Versorgungsspannung von etwa 3,5 bis 15 V (typenbezogen) konzipiert und ihre Blinkfrequenz beträgt (ebenfalls typenbezogen) etwa 1 bis 3 Hz. Die Gehäuse der blinkenden LEDs haben meist die traditionelle runde Form, sind in verschiedenen Farben erhältlich und ihre Durchmesser liegen zwischen ca. 3 und 10 mm.

Interessant an diesen Leuchtdioden ist, dass sie z. B. nach *Abb. 2.26* in Reihe mit superhellen 20-mA-LEDs geschaltet werden können, um so blinkende Leuchtketten oder Warnsymbole zu steuern. In diesem Fall ist es erforderlich, dass alle LEDs der Kette für den gleichen Betriebsstrom ausgelegt sind und dass die Versorgungsspannung der Kette mit der Summe aller einzelnen LED-Betriebsspannungen übereinstimmt. Eine Blink-LED, die für eine Stromaufnahme (I_F) von z. B. 10 bis 30 mA ausgelegt ist, kann wahlweise auch mehrere LED-Ketten von Low-Current-LEDs nach *Abb. 2.27* steuern, wenn die gesamte Stromabnahme der angeschlossenen Ketten zwischen 10 mA und 30 mA liegt.

Viele der superhellen (oder *ultrahellen*) Leuchtdioden sind für einen Betriebsstrom konzipiert, der

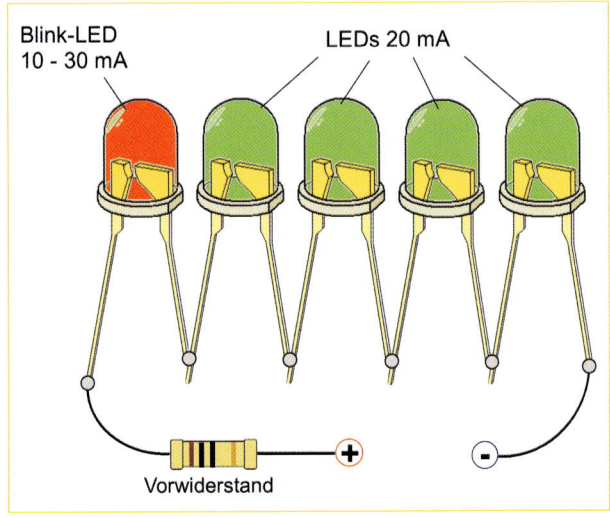

Abb. 2.26 – Wird eine *Blink-LED* z. B. in Reihe mit superhellen 20-mA-LEDs geschaltet, blinken in ihrem Takt auch alle superhellen LEDs der Kette.

wesentlich höher liegt als der Betriebsstrom der gängigen blinkenden LEDs. In diesem Fall kann die *Blink-LED* z. B. ein kleines elektromagnetisches Relais nach *Abb. 2.28* blinkend steuern. Der Relais-Kontakt **K** schaltet die Stromzufuhr zu den superhellen LEDs, die bei Bedarf auch in mehreren parallelen Ketten verschaltet werden können.

Beim Nachbau dieser Schaltung ist auf Folgendes zu achten: Der ohmsche Widerstand der Relais-Magnetspule darf bei einer solchen Anwendung nicht derartig niedrig sein, dass durch das Relais ein höherer

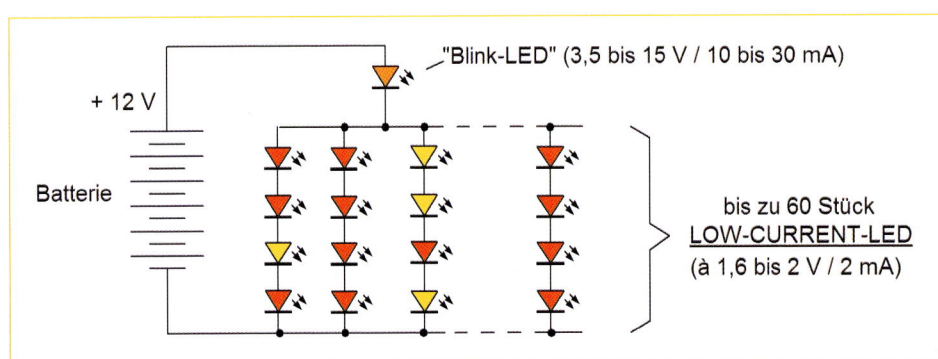

Abb. 2.27 – Eine Blink-LED kann z. B. auch mehrere Ketten von Low-Current-LEDs steuern (dieses Beispiel haben wir der leichteren Übersicht wegen mit Elektronikschaltzeichen dargestellt).

2.5 Blinkende Leuchtdioden

Strom fließen könnte, als die Blink-LED verkraftet. Der Strom, den die Relais-Spule bezieht, ergibt sich aus der Formel Relais-**Spulenspannung geteilt durch** den ohmschen **Widerstand** der Relaisspule = **Strom**, den das Relais (in Ampere) bezieht.

*Bemerkung: Die Schutzdiode **D**, die in Abb. 2.28 parallel zu der Relaisspule eingezeichnet ist, schützt die Blink-LED vor zu hohen Spannungsstößen (Spannungsspitzen), die jeweils beim Abschalten der Relaisspule*

entstehen. Zu diesem Zweck kann bei kleineren Relais eine beliebige Siliziumdiode (Gleichrichterdiode) verwendet werden.

Die maximale Anzahl der Leuchtdioden, die vom Relaiskontakt geschaltet werden dürfen, hängt nur von der Schaltleistung bzw. dem max. zulässigen **Schaltstrom der Relaiskontakte** *ab. Dieser ist unter den technischen Daten eines jeden Relais aufgeführt.*

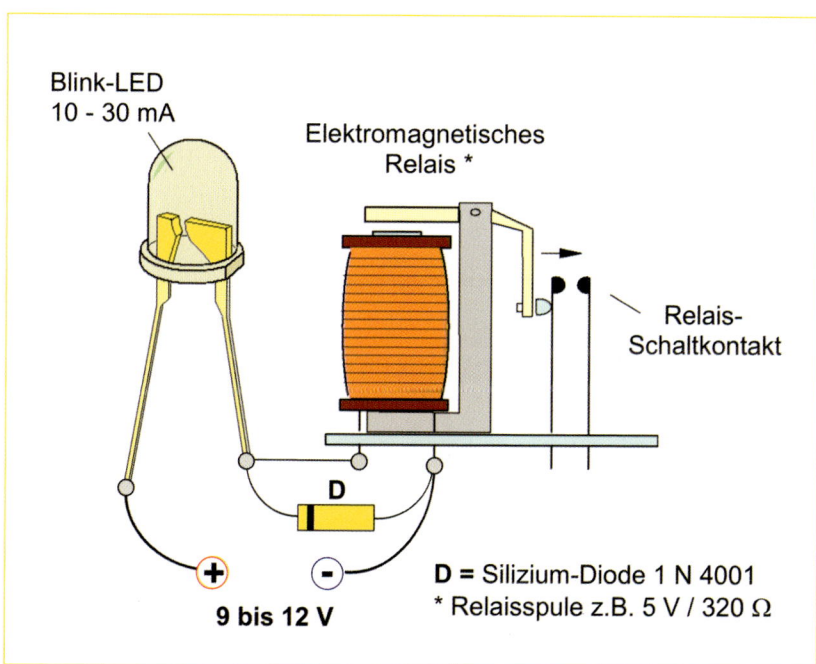

Blink-LED
10 - 30 mA

**Elektromagnetisches
Relais ***

**Relais-
Schaltkontakt**

D

⊕ ⊖

9 bis 12 V

**D = Silizium-Diode 1 N 4001
* Relaisspule z.B. 5 V / 320 Ω**

Beispiel A

In der Schaltung aus *Abb. 2.28* wird ein handelsübliches Relais verwendet, dessen Spulenspannung 5 Volt und Spulenwiderstand 320 Ohm beträgt. Wir rechnen nach:

5 V : **320** Ω = **0,0156** A (= 15,6 mA)

Den Strom, der durch das Relais fließt, wird unsere Blink-LED leicht verkraften.

Abb. 2.28 – Eine *Blink-LED* kann als Steuerglied eines kleinen elektromagnetischen Relais verwendet werden, um über den Relaiskontakt einen kräftigeren Strom für superhelle (oder *ultrahelle*) LEDs in blinkendem Takt zu schalten.

2.6 Zwei- und mehrfarbige Leuchtdioden

Zweifarbige Leuchtdioden (Duo-LEDs/Bicolor-LEDs) sind nach *Abb. 2.29* wahlweise mit zwei oder mit drei Anschlüssen (Füßchen) erhältlich. Bei zweifarbigen LEDs mit zwei Anschlüssen erfolgt der Farbwechsel durch Umpolung der Versorgungsspannung. Das macht die Anwendung (das Umschalten der Farbe) oft zu umständlich. In dieser Hinsicht sind die zweifarbigen LEDs mit drei Anschlüssen meist praktischer, da keine Umpolung der Versorgungsspannung erforderlich ist.

Mehrfarbige Leuchtdioden (Full-Color-LEDs)

Das Angebot an mehrfarbigen Leuchtdioden mit speziellen Eigenschaften wird zwar

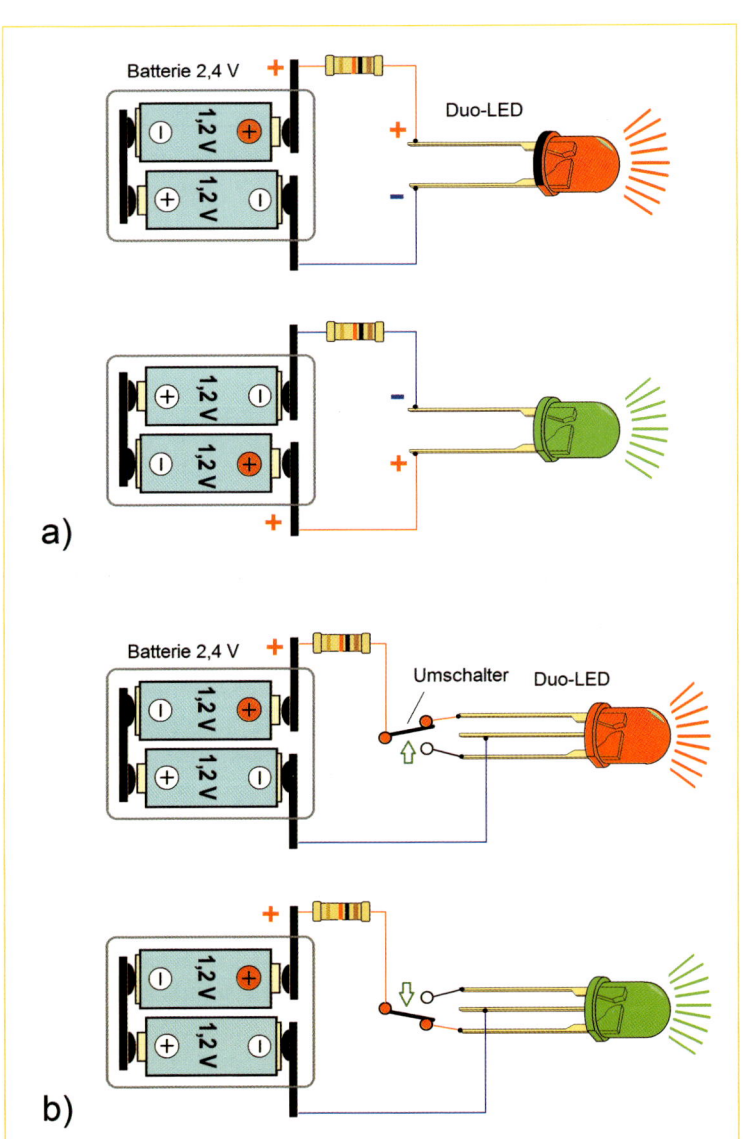

a)

b)

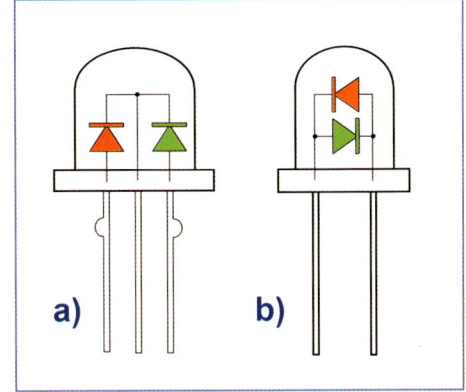

Abb. 2.29 – Zweifarbige Leuchtdioden: **a)** Ausführung mit drei Anschlüssen (zeichnerisch breiter dargestellt). **b)** Ausführung mit zwei Anschlüssen (durch Änderung der Polarität ändert sich hier die Farbe des LED-Lichts).

Abb. 2.30 – Für einen automatischen Farbenwechsel sind zweifarbige LEDs mit drei Anschlüssen (drei Füßchen) meist vorteilhafter als die mit nur zwei Anschlüssen: **a)** Das Umpolen beider Anschlüsse ist zwar zeichnerisch leicht darstellbar, aber in der Praxis umständlich. **b)** Bei LEDs mit drei Anschlüssen ist das Umschalten der Leuchtfarbe einfach.

2.6 Zwei- und mehrfarbige Leuchtdioden

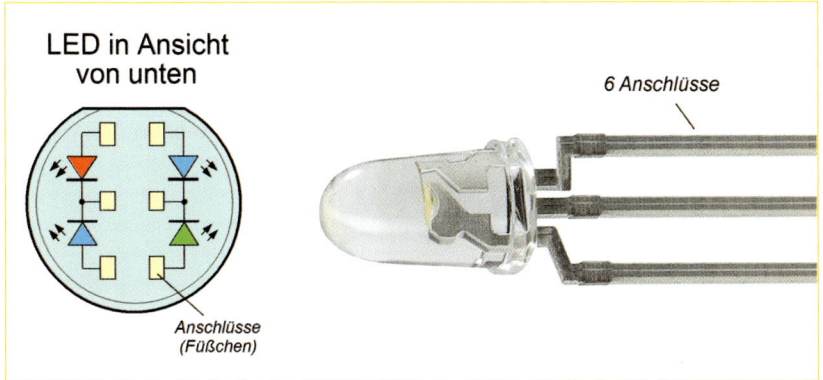

Abb. 2.31 – Diese *Full-Color-RGB-LED* ist mit sechs Anschlüssen ausgelegt und besteht aus vier unabhängig steuerbaren Einzel-Leuchtdioden in den Farben rot *(GaAsP)*, grün *(GaP)* und zweimal blau *(Sic)*, die in einem gemeinsamen Gehäuse (Ø 5 mm) untergebracht sind. Jede der LEDs ist über einen eigenen Anschluss separat ansteuerbar. Durch Verändern der Ströme einzelner LEDs kann das Helligkeitsverhältnis der Grundfarben beliebig gemixt werden. So können theoretisch unendlich viele Farben erzeugt werden. U_F: 1,7 V (rot) • 2,2 V (grün) • 3 V (blau); I_F: 20 mA 1,7 V; Wellenlänge: rot 625 nm, grün 565 nm, blau 430 nm (Anbieter Conrad Electronic).

immer größer, aber bei vielen dieser Bausteine handelt es sich oft nur um eine Umgestaltung der Grundausführungen, bei denen in einem gemeinsamen LED-Gehäuse mehrere einzelne LEDs untergebracht sind. *Abb. 2.31* zeigt die Ausführung der dreifarbigen *Full-Color-RGB-LED*. Durch Veränderung der Versorgungsspannungen – und somit der Stromabnahmen – der einzelnen Leuchtdioden kann die Farbe des Lichts gleitend verändert werden.

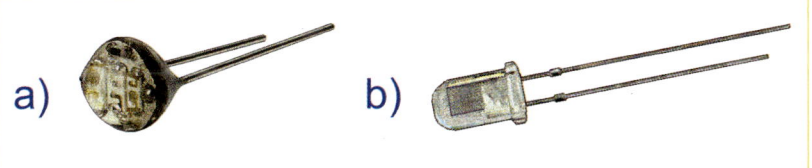

Abb. 2.32 – Mehrfarbige „Effekt-RGB-LEDs" verfügen über eine interne Elektronik, die nach Anlegen der Betriebsspannung einen automatisch fließenden Farbwechsel in einer bestimmten Reihenfolge vornimmt. Beide der hier abgebildeten LEDs haben nur zwei Anschlüsse (Füßchen) und einen Gehäuse-Durchmesser von 5 mm: **a)** die „Effekt-RGB-LED" ist für eine Betriebs-Gleichspannung U_F von 3 V und einen Strom I_F von 20 mA ausgelegt und leuchtet abwechselnd in einem vorgegebenen Takt und in einer „unendlichen Schleife" rot, weiß, blau grün und gelb. Lichtstärke I_V: farbabhängig 170 bis 500 mcd. **b)** Die „RGB-LED-Rainbow" ist für eine Betriebs-Gleichspannung U_F von 2 bis 3,5 V und einen Strom I_F von 20 mA ausgelegt und leuchtet in einem abwechselnden Takt rot, grün und blau. Lichtstärke I_V: farbabhängig max. 1800 mcd (*Anbieter: Conrad Electronic*).

2.7 Leuchtdioden für die Überwachung der Batteriespannung

Einige der speziellen Leuchtdioden sind als optische Unterspannungsüberwachung ausgelegt. Sie unterscheiden sich optisch nicht von herkömmlichen LEDs, leuchten jedoch auf, sobald z. B. die Spannung einer Batterie unterhalb eines vorgegebenen Werts sinkt. Ein zusätzlicher, im LED-Gehäuse integrierter Chip ist für diese „Sonderfunktion" zuständig. So führt z. B. *Conrad Electronic* eine „intelligente LED mit Low-Batt-Warnung", die bei Absinken der Betriebsspannung unter 2,3 Volt zu leuchten anfängt. Der Stand-by-Strom dieser LED beträgt nur bescheidene 5 µA (Mikroampere), damit sie die überwachte Batterie nicht entlädt.

Offiziell ist diese LED für die Überwachung einer Spannung von max. 10 Volt ausgelegt und eignet sich so z. B. für die Spannungsüberwachung von NiCd- oder NiMH-Akkus, deren Nennspannung z. B. zwischen etwa 2,4 und 3,6 Volt liegt – vorausgesetzt der Bedarf an solcher Überwachung ist vorhanden. Wie *Abb. 2.33* zeigt, kann eine solche LED im einfachsten Fall direkt an die Batterie angeschlossen werden.

Da wir in unserem Buch die angewendeten Batterien nur als Solarenergiespeicher für den Leuchtdiodenbetrieb betrachten, ergibt eine solche Spannungsüberwachung nur dann einen tieferen Sinn, wenn die Lichtintensität der betriebenen LEDs als eine Spannungskontrolle nicht ausreicht. So kann z. B. eine solche *Low-Batt-Warndiode* auch bei einer vorübergehend „ruhenden" Batterie anzeigen, dass ihre Spannung durch Selbstentladung oder durch einige weitere angeschlossene Verbraucher kritisch gesunken ist.

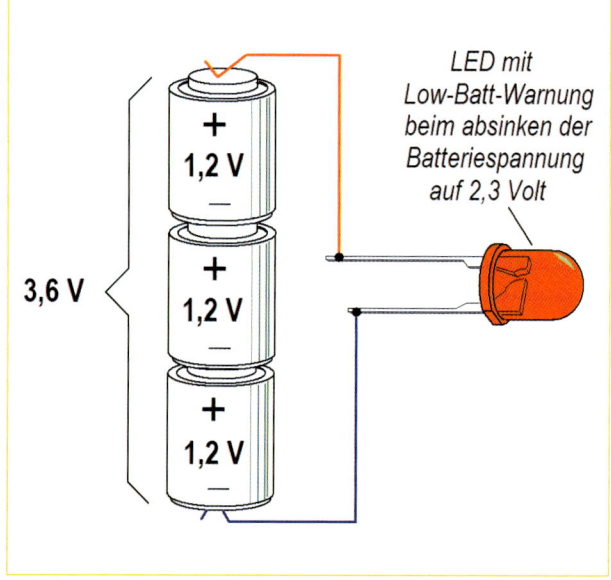

Abb. 2.33 – Eine LED mit „Low-Batt-Warnung" wird an eine Batterie ohne Vorwiderstand direkt angeschlossen (zu achten ist dabei auf die maximal zulässige Spannung, an die die LED laut ihrer technischen Daten angeschlossen werden darf).

Wird zu dieser LED in Serie eine Zenerdiode angeschlossen, erhöht sich die überwachte Spannungsschwelle um die **Z-Spannung** der Zenerdiode. Was darunter zu verstehen ist, zeigt an einem praktischen Beispiel *Abb. 2.34a*, in dem die angesprochene 2,3-Volt-Warn-LED die Tiefentladung einer 6-Volt-Bleibatterie überwacht. Die Warn-LED leuchtet in diesem Fall auf, sobald die Batteriespannung auf 5,6 Volt sinkt.

a)

Zenerdiode ZPD 3,3 V

Spannungsüberwachungs-LED 2,3 V
*leuchtet auf, sobald
die Batteriespannung
auf ca. 5,6 Volt sinkt*

Blei-Batterie 6 Volt

b)

LED 1

ZPD 3,3 V

Zenerdioden

ZPD 3 V

LED 2

**LED 1 und LED 2: Spannungs-
überwachungs LEDs 2,3 V**

*LED 1 leuchtet auf, sobald die
Batteriespannung auf ca. 5,6 V sinkt.
LED 2 leuchtet zusätzlich auf, wenn
die Batteriespannung noch tiefer auf
ca. 5,3 V gesunken ist.*

Blei-Batterie 6 Volt

Abb. 2.34 – Eine Zenerdiode hebt die Einschaltspannung der Warn-LED um ihre Zenerspannung an: **a)** Sobald die Batteriespannung auf ca. 5,6 Volt sinkt, leuchtet die Warn-LED auf. Die vorgesehene Funktion muss jedoch bei einer solchen Schaltung vor der endgültigen Inbetriebnahme auf ihre Genauigkeit mit einem Voltmeter überprüft werden. Sowohl unter solchen Warn-LEDs als auch unter den Zenerdioden kommen Toleranzabweichungen vor, die in diesem Fall zur Folge haben können, dass die Warn-LED nicht exakt bei den 5,6 Volt, sondern z. B. bereits bei 5,8 oder erst bei 5,4 Volt aufleuchtet. **b)** Beispiel einer Spannungsanzeige mit zwei LEDs.

2.8 Spezial-LEDs für höhere Betriebsspannungen

Unter den handelsüblichen Leuchtdioden gibt es auch solche, in denen intern ein Vorwiderstand integriert ist und die (typenbezogen) für den direkten Anschluss an eine Spannung von z. B. 5 bzw. 12 Volt vorgesehen sind. Diese LEDs unterscheiden sich äußerlich nicht von den normalen Standard-LEDs und sind in allen gängigen Farben und in Durchmessern von z. B. Ø 3 und Ø 5 mm erhältlich.

Für Anwendungen in der Photovoltaik eignen sich diese LEDs nur als Kontroll-LEDs, denn der Leistungsverlust an dem internen Vorwiderstand ist verhältnismäßig hoch und wandelt die überschüssige Energie (Spannung × Strom) nur in Wärme um.

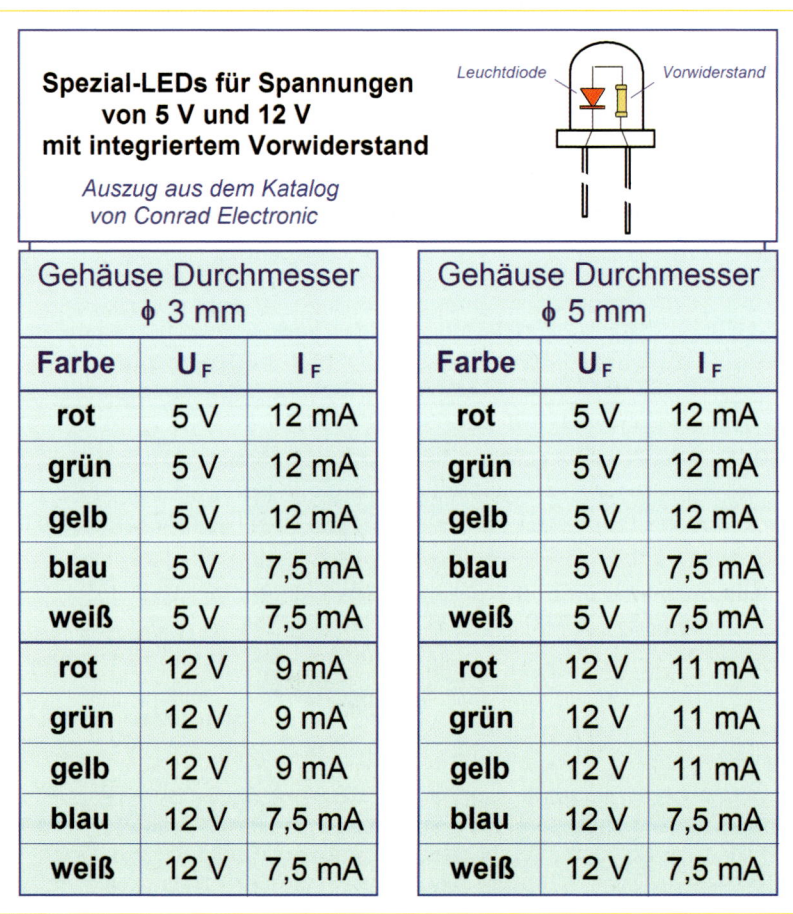

Spezial-LEDs für Spannungen von 5 V und 12 V mit integriertem Vorwiderstand

Auszug aus dem Katalog von Conrad Electronic

Gehäuse Durchmesser ϕ 3 mm			Gehäuse Durchmesser ϕ 5 mm		
Farbe	U_F	I_F	**Farbe**	U_F	I_F
rot	5 V	12 mA	**rot**	5 V	12 mA
grün	5 V	12 mA	**grün**	5 V	12 mA
gelb	5 V	12 mA	**gelb**	5 V	12 mA
blau	5 V	7,5 mA	**blau**	5 V	7,5 mA
weiß	5 V	7,5 mA	**weiß**	5 V	7,5 mA
rot	12 V	9 mA	**rot**	12 V	11 mA
grün	12 V	9 mA	**grün**	12 V	11 mA
gelb	12 V	9 mA	**gelb**	12 V	11 mA
blau	12 V	7,5 mA	**blau**	12 V	7,5 mA
weiß	12 V	7,5 mA	**weiß**	12 V	7,5 mA

Tab. 2.5 – Handelsübliche LEDs für höhere Betriebsspannung

2.9 Die Leuchtkraft der LEDs

Mit der Einstufung der Leuchtkraft hatten (und haben) wir es am einfachsten bei den herkömmlichen Glühbirnen, denn da können wir uns an Erfahrungswerten orientieren: Eine 15- oder 25-Watt-Glühbirne eignet sich für kaum mehr als eine Nachtbeleuchtung, eine 40-Watt-Birne lässt sich eventuell in einer Nachttischleuchte einsetzen, drei bis fünf 40- bis 60-Watt-Birnen benötigen wir für die Decken-, Treppen- oder Badezimmer-Beleuchtung und zwei 100-Watt-Glühbirnen brauchen wir als Lichtquellen über der Werkbank im Keller-Hobbyraum.

Diese „energiefressenden" Glühbirnen werden in unseren Haushalten schrittweise durch Energiespar- oder Leuchtstofflampen sowie LED-Leuchtkörper ersetzt, aber wir orientieren uns trotzdem noch an Vergleichen mit der Leuchtkraft der Glühbirnen.

Bei dem Umgang mit kleineren Leuchtdioden fehlen uns leider solche Referenzvergleiche, denn bei den meisten LEDs wird die Leuchtkraft als *Lichtstärke* in **Candela (cd)** bzw. in **Millicandel (mcd)** angegeben. Nur bei einigen der Leistungs-LEDs finden sich Angaben über ihre Leuchtkraft in der Form von **Lichtstrom in Lumen (lm)**. Damit kann man leichter etwas anfangen, denn bei allen Glühbirnen, Halogenlampen, Leuchtstofflampen, Energiesparlampen sowie auch bei einigen der größeren (High-Power-) LEDs wird die Leuchtkraft in *Lumen* angegeben. Unsere *Tabelle 2.6* zeigt an konkreten Beispielen die Leuchtkraft diverser handelsüblicher Lampen in *Lumen*.

Tab. 2.6 – Der Lichtstrom in *Lumen (lm)* ist ein wichtiger technischer Parameter einer Lichtquelle, denn er ermöglicht uns einen erfahrungsbezogenen Vergleich der Leuchtkraft diverser Lampen. Wichtig: Der hier angegebene Lichtstrom kann vor allem bei den LEDs (anbieter- und typenbezogen) erhebliche Abweichungen bei derselben Abnahmeleistung aufweisen.

Lampe	Leistungs-aufnahme	Lichtstrom in Lumen
Standard-Glühlampe	10 W	48 lm
Standard-Glühlampe	15 W	90 lm
Standard-Glühlampe	25 W	230 lm
Standard-Glühlampe	40 W	430 lm
Standard-Glühlampe	60 W	730 lm
Standard-Glühlampe	75 W	960 lm
Halogenlampe	15 W	155 lm
Halogenlampe	20 W	350 lm
Neonleuchte	10 W	485 lm
Neonleuchte	15 W	780 lm
Energiesparlampe *	3 W	127 lm
Energiesparlampe *	5 W	200 lm
Energiesparlampe *	7 W	350 lm
Energiesparlampe *	11 W	570 lm
Energiesparlampe *	15 W	950 lm
LED weiß	1 W	45 lm
LED rot-orange	1 W	55 lm
LED weiß	3 W	80 lm
LED rot-orange	3 W	190 lm
LED weiß	5 W	150 lm
LED grün	5 W	160 lm
LED blau	5 W	48 lm

* Energieeffizienz A, gute Qualität, Lichtstrom variiert typenabhängig

2.9 Die Leuchtkraft der LEDs

In *Tabelle 2.6* werden Sie vergeblich nach dem Lichtstrom der kleineren LEDs suchen. Diese LEDs sind zwar in der *Tabelle 2.7* (als einige wenige Beispiele) aufgeführt, aber anstelle des *Lichtstroms* in *Lumen* wird bei diesen Lichtquellen nur die bereits angesprochene **Lichtstärke** in *Millicandel (mcd)* angegeben. Das wäre nicht so schlimm, wenn es eine einfache Möglichkeit geben würde, die *Lumen* in *Candela* ähnlich umzurechnen, wie man z. B. die Zollmaße in Millimeter umrechnen kann. Das geht hier aber leider nicht – und es ist erklärungsbedürftig, weshalb es nicht geht:

Der in *Lumen (lm)* angegebene *Lichtstrom* bezieht sich auf die Summe des gesamten Lichtstroms (der gesamten Lichtleistung), der von einer Lampe einfach „rundum" in die Umgebung ausgestrahlt wird.

Die in *Candela (cd)* oder *Millicandel (mcd)* angegebene *Lichtstärke* bezieht sich dagegen nur auf die Ausleuchtung einer begrenzten Fläche (eines Raumwinkels) und berücksichtigt dabei nicht die globale Lichtleistung. Aus diesem Grund hängt bei den LEDs die *Lichtstärke* immer mit dem *Abstrahlwinkel (in Grad)* zusammen und diese zwei Parameter werden jeweils auch unter den technischen Daten der Leuchtdioden angegeben. *Abb. 2.35* verdeutlicht, dass von dem Abstrahlwinkel (der Breite des Lichtkegels) die Ausleuchtung einer Fläche abhängt.

Beim Vergleich der Leuchtkraft diverser LEDs ist neben der **Lichtstärke** und dem damit verbundenen **Abstrahlwinkel** auch die von der LED bezogene **elektrische Leistung** ($U_F \times I_F$) mit zu berücksichtigen. Diese Leistung, die eine jede LED in der Form von der Betriebsspannung (Durchlassspannung) U_F und von dem Strom I_F z. B. aus einer Batterie bezieht, stellt ebenfalls einen wichtigen technischen Parameter dar, der beim Vergleich von diversen LED-Typen nicht außer Acht gelassen

Farbe	Licht-stärke I_V	Abstrahl-winkel
Warm-Weiß	1500 mcd	60 °
Warm-Weiß	2800 mcd	40 °
Warm-Weiß	4000 mcd	30 °
Warm-Weiß	9200 mcd	20 °

Tab. 2.7 – Die Lichtstärke hängt auch bei Leuchtdioden derselben Type von ihrem Abstrahlwinkel ab und darf bei der Anschaffung neuer Leuchtdioden nicht außer Acht gelassen werden.

sen werden sollte. So müsste z. B. eine vergleichbar lichtstarke **3 V/40 mA**-LED bei demselben Abstrahlwinkel eine doppelt so hohe Lichtstärke I_V aufbringen können wie zwei **3 V/20 mA**-LEDs, denn sie hat einen doppelt so hohen Energieverbrauch.

Für die praktische Anwendung ist bei der Wahl der optimal leuchtenden LEDs auch der Leistungsverlust einzubeziehen, der bei einigen LED-Typen dadurch entstehen kann, dass sie für eine etwas niedrigere Betriebsspannung (von z. B. 3,2 V) ausgelegt sind, als eine Batterie liefern kann. Die Spannungsdifferenz muss dann eventuell ein Vorwiderstand abfangen, in Wärme umwandeln und an die Umgebung als „Verlustleistung" abgeben. Abhilfe kann manchmal eine Reihenschaltung von mehreren LEDs schaffen: So können z. B. drei in Reihe geschaltete 3,2-V-LEDs von einer 9,6 V Batterie (aus 8 Akku-Zellen à 1,2 V) ihre Betriebsspannung „verlustfrei" beziehen.

2.9 Die Leuchtkraft der LEDs

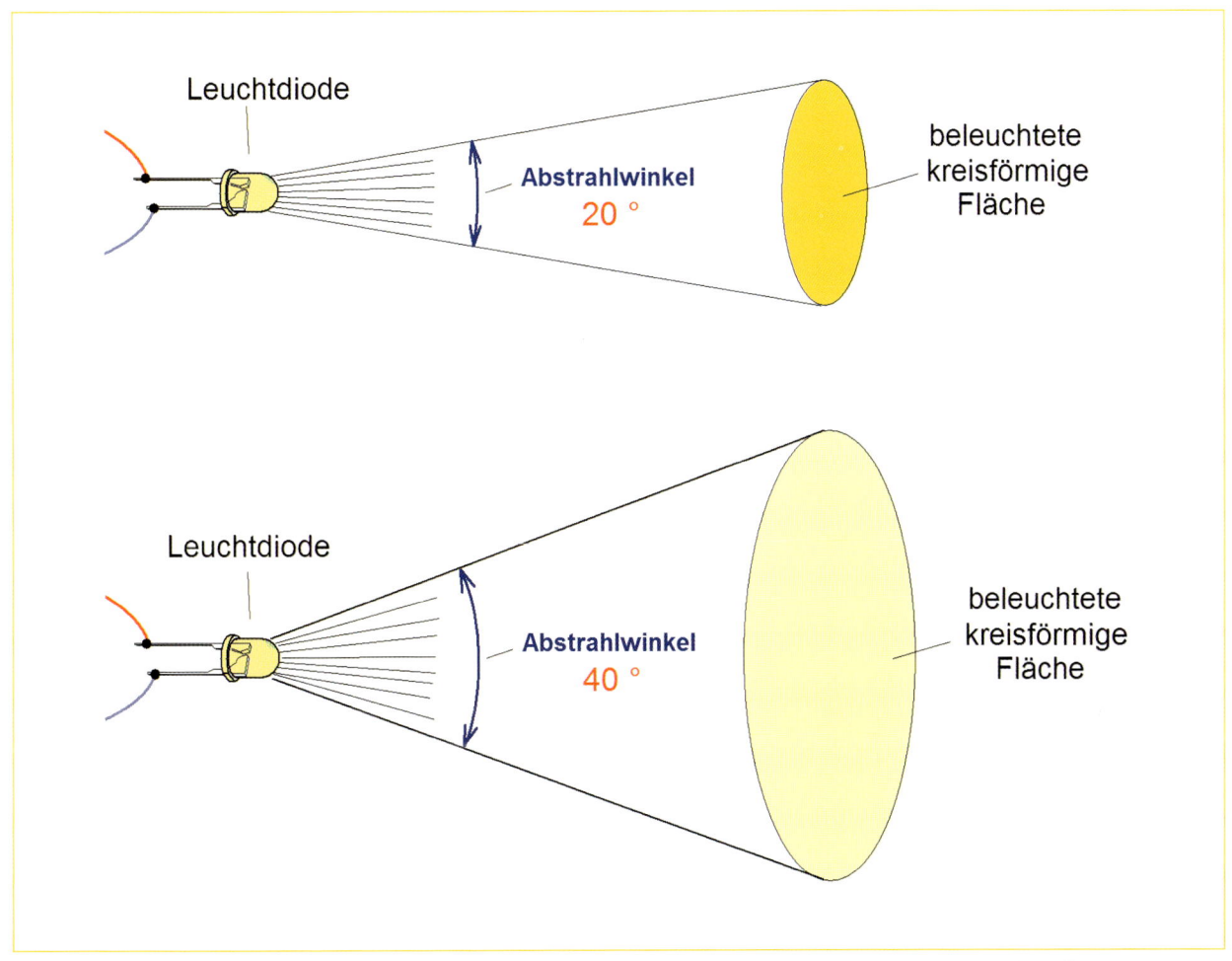

Abb. 2.35 – Je kleiner der Abstrahlwinkel einer Leuchtdiode ist, desto kräftiger ist die Fläche des Lichtkegelkreises ausgeleuchtet.

2.9 Die Leuchtkraft der LEDs

Fazit: Bei der Suche nach einer passenden Leuchtdiode sollte immer ihr Abstrahlwinkel mitberücksichtigt werden. Soll z. B. eine bestimmte Fläche mit Leuchtdioden ausgewogen beleuchtet werden, deren Abstrahlwinkel 40° beträgt, kann mithilfe einer einfachen maßgerechten Skizze der optimale Abstand zwischen den LEDs nach *Abb. 2.36* ermittelt werden.

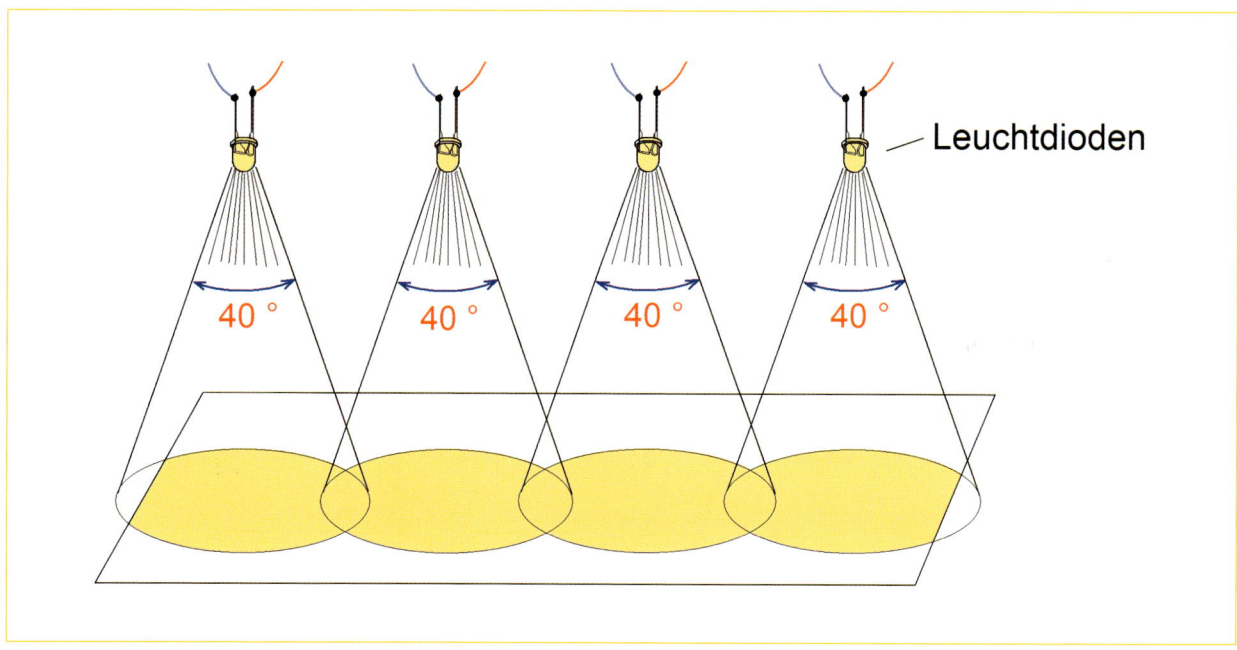

Abb. 2.36 – Ist es erwünscht, dass eine vorgesehene Fläche optimal mit LEDs ausgeleuchtet wird, kann eine einfache Skizze die Planungsüberlegungen erleichtern.

3 Solarstrom für die LED-Beleuchtung

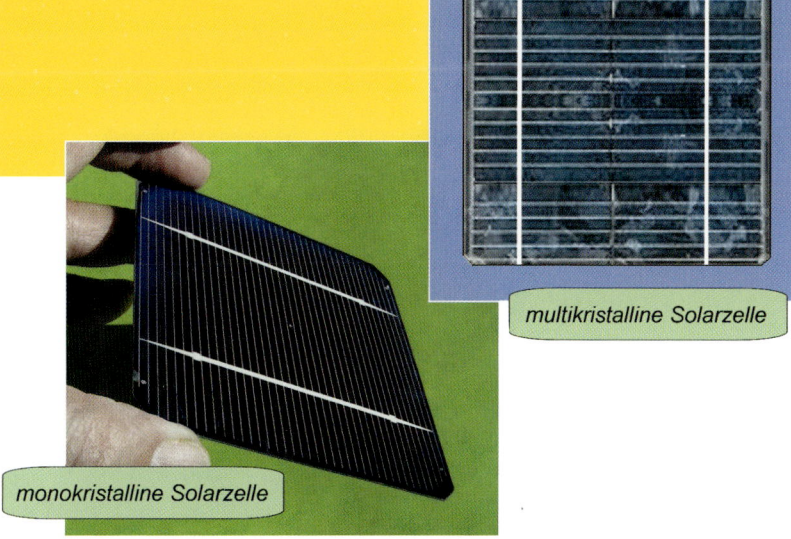

multikristalline Solarzelle

monokristalline Solarzelle

Die eigentlichen photovoltaischen Stromquellen, aus denen der Solarstrom bezogen wird, werden im Allgemeinen als *Solarzellen* bezeichnet. Solarzellen wandeln die Photonen des Sonnenlichts (oder Kunstlichts) in elektrischen Strom um.

Wir haben bereits am Anfang dieses Buches die Solarzellen und Solarmodule kurz angesprochen.

Abb. 3.1 – Ausführungsbeispiele zweier „kahler" Solarzellen, die für die Herstellung handelsüblicher Solarmodule in der Regel angewendet werden.

3   Solarstrom für die LED-Beleuchtung

Jetzt sehen wir uns das Ganze näher an:

Es ist wohl bereits bekannt, dass die jeweilige Spannung und Leistung einer Solarzelle von der jeweiligen Belichtung ihrer lichtempfindlichen Fläche abhängen. Eine Solarzelle reagiert auf Belichtung ähnlich wie beispielsweise ein Fahrraddynamo auf die Drehzahl des Rades: Je schneller gefahren wird, desto höhere Spannung, Strom und Leistung liefert der Dynamo an die Fahrradlampen.

Sowohl der Fahrraddynamo als auch die Solarzelle sind elektrische Generatoren, die *eine* Art Energie in eine *andere* Art Energie umwandeln. Bei dem Fahrraddynamo muss der Mensch die benötigte Eingangsenergie „eigenfüßig" aufbringen, bei der Solarzelle übernimmt diese Arbeit die Sonne – zumindest dann, wenn sie gerade vorhanden ist und ihre Strahlen nicht von Wolken oder anderen Hindernissen verdeckt werden.

Solarzellen werden in der Form *kahler* Zellen nur für experimentelle Zwecke angeboten. Für die meisten Vorhaben werden Solarzellen in der Form *gekapselter* Solarzellen *(Abb. 3.2)* oder in Solarmodulen eingesetzt. Es gibt eine große Auswahl an Solarmodulen verschiedener Größen, Leistungen, Wirkungsgrade und Qualität *(Abb. 3.3)*.

Theoretisch stellt sich dann die Frage, welche der handelsüblichen Solarzellen sich für ein Vorhaben grundsätzlich am besten eignen. Dies ist unproblematisch: Das Angebot an Solarzellen (als Solarmodul-Bausteine) beschränkt sich immer noch auf kristalline und amorphe (Dünnschicht) Solarzellen.

Für die meisten langlebigen Anwendungen kommen nur kristalline Silizium-Solarzellen infrage. Amorphe Dünnschichtzellen haben einen relativ niedrigen Wirkungsgrad und benötigen, im Vergleich zu kristallinen Solarzellen (bzw. Solarmodulen), eine mehr als dop-

Solarzellen sind meist nur etwa 10 x 10 cm groß, ca. 0,25 bis 0,3 mm dünn und da sie aus zerbrechlichem Silizium bestehen, sind sie nicht sonderlich strapazierfähig. Die maximale Spannung einer solchen Solarzelle liegt typenabhängig zwischen ca. 0,46 und 0,48 Volt, ihr maximaler Strom beträgt ca. 3 bis 3,3 Ampere und ihre maximale Leistung (als Spannung × Strom) bewegt sich – ebenfalls typenbezogen – zwischen ca. 1,38 und 1,58 Watt.

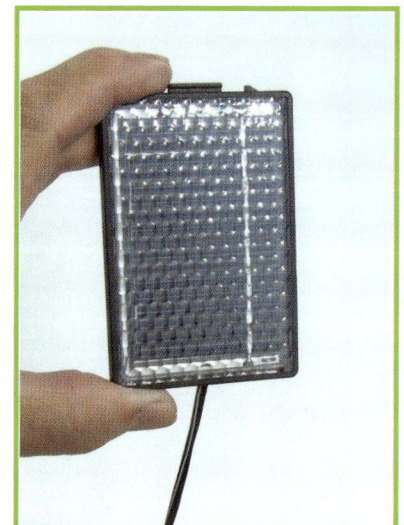

Abb. 3.2 – Gekapselte Solarzellen und Solar-Minimodule eignen sich bevorzugt als *Ladestromquellen* für kleinere Batterien.

Abb. 3.3 – Solarmodule sind in verschiedenen Größen und für unterschiedliche Leistungen erhältlich.

pelt so große Fläche für die gleiche solarelektrische Leistung. Zudem weisen manche dieser Module eine gewisse „Ermüdung" auf: Bereits nach einem Jahr sinkt oft ihre Leistung merkbar und lässt danach von Jahr zu Jahr weiterhin leicht nach. Manche solcher amorphen (Dünnschicht-)Module sind jedoch preiswert und eignen sich daher für experimentelle Zwecke.

Der Aufbau einer kristallinen Silizium-Solarzelle ist prinzipiell identisch mit dem Aufbau einer Siliziumdiode: Eine dünne *Negativschicht* und eine „dickere" *Positivschicht* bilden (nach *Abb. 3.8*) zwei unterschiedlich dotierte Halbleiterteile, die bei Belichtung zu *Potenzialfeldern* werden.

Abb. 3.4 – Amorphe-Dünnschicht-Solarmodule sind meist preiswert und eignen sich daher besonders für experimentelle Zwecke, bei denen es nichts ausmacht, dass hier die „Leistung pro Quadratdezimeter Modulfläche" wesentlich niedriger ist, als bei kristallinen Modulen.

Eine belichtete Solarzelle funktioniert ähnlich wie eine Batterie *(Abb. 3.5)*. Allerdings nur in direkter Abhängigkeit von der jeweiligen Belichtung: Viel Licht = hohe Spannung und hoher Strom, weniger Licht = niedrigere Spannung und niedrigerer Strom, kein Licht = keine Spannung und kein Strom. Aus diesem Grund werden bei der solarelektrischen Stromversorgung von Leuchtkörpern die Solarzellen nur als Ladestromquellen für das Nachladen einer wiederaufladbaren Batterie verwendet, von der dann die Stromversorgung nach Bedarf bezogen wird.

Handelsübliche **kristalline Solarzellen** gibt es in zwei Ausführungsarten: **monokristalline** Zellen **und polykristalline** (**multikristalline**) Zellen.

Bei der Herstellung *monokristalliner* Zellen werden monokristalline Blöcke „gezogen" und mit etwa 0,5 mm dünnen Diamantsägen

oder Laserstrahlen in dünne Scheiben zersägt. Das gleiche monokristalline Grundmaterial wird bereits traditionell in der Halbleitertechnik bei der Herstellung von Dioden, Transistoren und integrierten Schaltungen (Chips) verwendet. Ausgangsmaterial sind hier Quarzsand oder auch natürliche Quarzkristalle.

In einem Ofen wird aus dem Grundmaterial durch Reduktion mit Kohle ein metallurgisch reines Silizium gewonnen. Dieses weist allerdings immer noch etwa 2 % Verunreinigungen auf, die durch weiteres aufwendiges Verarbeiten (Reduktion mit Salzsäure und Destillation) ausgeschieden werden müssen. Erst danach hat man ein hochreines Silizium zur Verfügung, das jedoch *polykristallin* ist.

Dies bedeutet, dass hier sehr viele kleine ungeordnete Kristalle die eigentliche Substanz des Silizi-

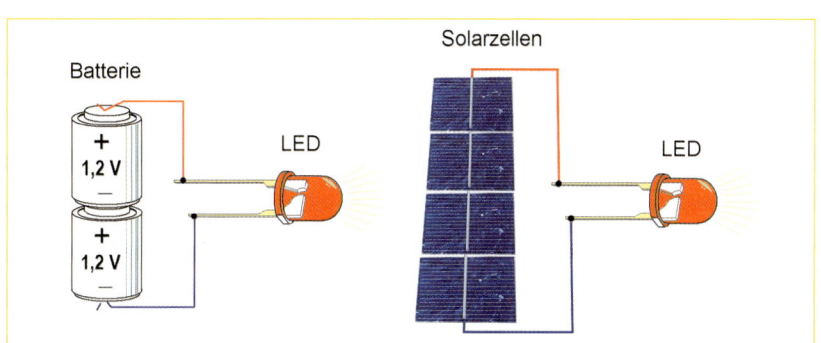

Abb. 3.5 – Eine belichtete Solarzelle funktioniert ähnlich wie eine Batterie.

ummaterials bilden. Wenn man daraus eine *monokristalline* Struktur haben möchte, müssen diese polykristallinen „Barren" in einem Tiegel nochmals eingeschmolzen werden und unter langsamem axialem

Drehen wird aus dieser Schmelze ein monokristalliner „Balken" gezogen. So ein Balken besteht danach nur aus einem einzigen Kristall (daher die Bezeichnung monokristallin) und kann beispielsweise eine Länge bis zu 2 m haben.

Bei der Herstellung der *polykristallinen* Zellen (die manche Hersteller als *multikristalline Zellen* bezeichnen) wird flüssiges Silizium in Stahlformen gegossen. Es bildet nach der Erstarrung die typische marmorierte Eisblumenstruktur *nach Abb. 3.6 unten*. So entstehen auch hier Siliziumblöcke, die ebenfalls in dünne Scheiben zersägt werden.

Amorphe Dünnschichtzellen werden dagegen wesentlich einfacher hergestellt: Auf eine Glas- oder Kunststoffplatte wird eine nur wenige tausendstel Millimeter dünne Siliziumschicht aufgedampft.

monokristalline Solarzellen

polykristalline (multikristalline) Solarzellen

Abb. 3.6 – Monokristalline Solarzellen haben eine einheitliche dunkelblaue Oberfläche, die im Licht blau schimmert; die Oberfläche der polykristallinen Solarzellen weist eine marmorierte Eisblumenstruktur auf, die im Licht silbrig/bläulich schimmert.

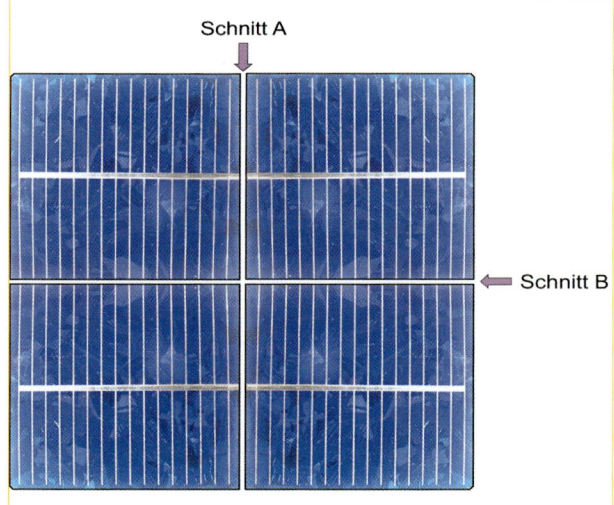

Abb. 3.7 – Die aus einem „kristallinen Balken" geschnittenen Solarzellen haben eine maximale Größe von ca. 100 x 100 bis 150 x 150 mm, werden jedoch für die Bestückung kleinerer Solarmodule oft in zwei bis vier Zellenteile zerschnitten.

3.1 Funktionsweise der Solarzellen

Eine kristalline Solarzelle nach *Abb. 3.8* wandelt die Sonnenenergie bzw. beliebige Lichtstrahlen auf folgende Weise um: Wenn ihre Fläche von Photonen bombardiert wird, setzen sich in ihrer oberen Negativschicht sowie auch in ihrer unteren Positivschicht sogenannte *Ladungsträger* frei. Diese geraten in das mittlere elektrische Feld und an ihren zwei äußeren Flächen – der „Sonnen-" und Rückseite der Zelle – entsteht elektrisches Potenzial (elektrische Spannung).

Die *Negativschicht* der Solarzelle bildet den Minuspol, die *Positivschicht* den Pluspol. Spannung und Leistung der Zelle hängen von der Lichtintensität ab, der die obere Zellenschicht ausgesetzt ist. Bei absoluter Dunkelheit weist die Solarzelle kein Potenzial auf.

Theoretisch spielt es keine Rolle, welche der Zellenschichten als die obere „Sonnenseite" bevorzugt wird. Auf jeden Fall muss aber die obere *Negativschicht* sehr dünn sein (unter 0,02 mm), denn der funktionell wichtige *n/p-Übergang* darf nicht zu tief unter der vom Licht bestrahlten Oberfläche liegen.

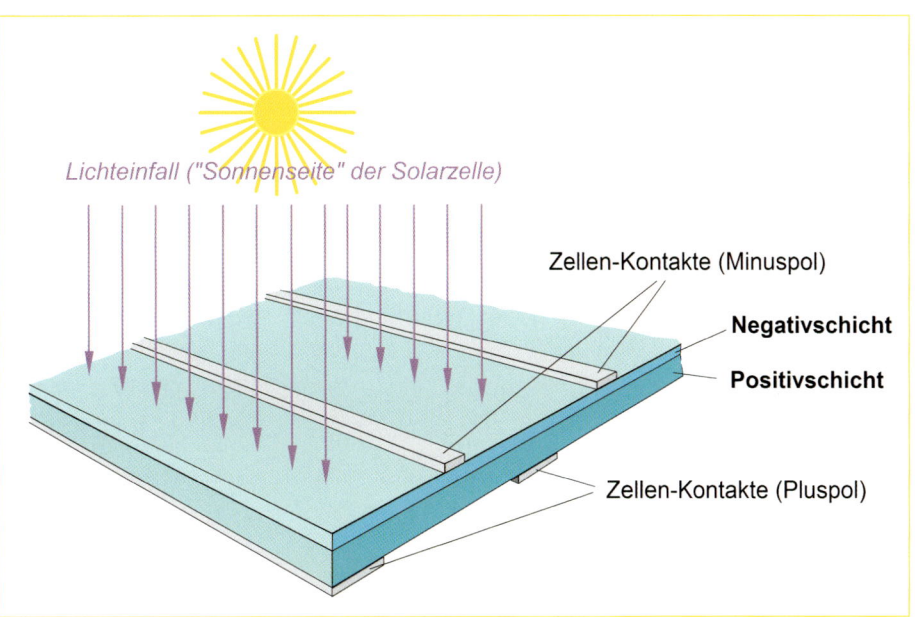

Lichteinfall ("Sonnenseite" der Solarzelle)

Zellen-Kontakte (Minuspol)

Negativschicht
Positivschicht

Zellen-Kontakte (Pluspol)

Abb. 3.8 – Eine herkömmliche Solarzelle im Schnitt (stark vergrößert; in Wirklichkeit ist eine solche Zelle nur ca. 0,3 bis 0,4 mm dick).

Die „Sonnenseite" der Zelle wird üblicherweise mit einer zusätzlichen Antireflexschicht versehen (z. B. mit Titandioxid), um Reflexionsverluste zu vermeiden. Für einen hohen Umwandlungswirkungsgrad der Solarzelle ist es wichtig, dass möglichst viele Photonen (Sonnenstrahlen), mit denen die *n-Schicht* bombardiert wird, auch in den Halbleiter eindringen.

Von der Anzahl der Photonen, die in die Solarzelle eindringen, hängen die elektrische Spannung und der elektrische Strom ab, die die Solarzelle als „elektrischer Generator" an die elektrischen Verbraucher, die an sie angeschlossen sind, liefern kann. Die Umwandlung der Sonnenenergie in elektrischen Strom erfolgt dabei jeweils unmittelbar und sozusagen „blitzschnell". Die elektrische Spannung und der elektrische Strom, die von der Solarzelle jeweils bezogen werden können, variieren exakt mit ihrer momentanen Belichtung. Die Solarzelle kann die elektrische Energie nicht speichern, sondern jeweils nur direkt umwandeln.

Die Zellenspannung, die als **Nennspannung der Solarzelle**

3.1 Funktionsweise der Solarzellen

(manchmal auch als **Spannung bei maximaler Leistung**) bezeichnet wird, sowie auch ihr offizieller **Nennstrom** liefert eine Solarzelle nur bei optimalen Bedingungen, die auf folgenden „**internationalen Standard-Testbedingungen**" beruhen:

- Sonneneinstrahlung von 1000 W/m² (wolkenloser sonniger Tag)
- Spektralverteilung von AM 1,5 (= die Photonen „bombardieren" die Zellenfläche optimal senkrecht)
- Zellentemperatur von 25 °C.

Auch **Nennleistung** und **Leerlaufspannung** der Solarzellen und Solarmodule beruhen auf diesen Standard-Testbedingungen.

Eine Solarzelle kann nach dem Prinzip aus *Abb. 3.9* einen kleinen Solarmotor, ähnlich wie eine Batterie, antreiben – vorausgesetzt, der Solarmotor ist für eine Betriebsspannung von z. B. 0,4 bis 3 Volt ausgelegt. Für die meisten Anwendungen ist die Spannung einer einzigen Solarzelle zu niedrig. Wird eine höhere Spannung benötigt, als eine einzige Solarzelle liefern kann, müssen mehrere Solarzellen in Reihe geschaltet wer-

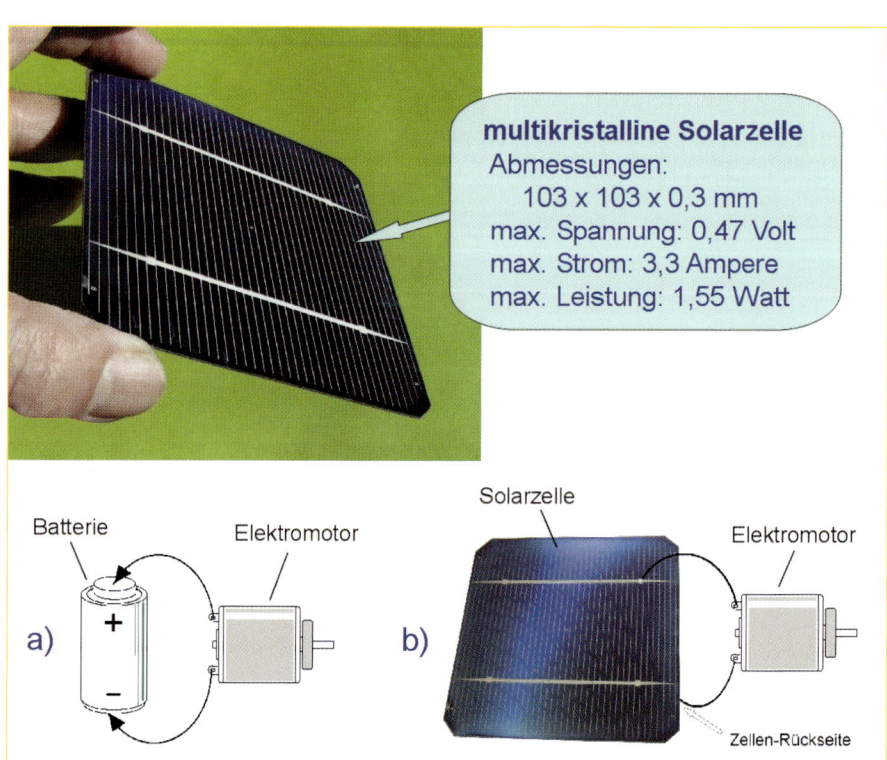

multikristalline Solarzelle
Abmessungen:
 103 x 103 x 0,3 mm
max. Spannung: 0,47 Volt
max. Strom: 3,3 Ampere
max. Leistung: 1,55 Watt

Batterie — Elektromotor — a)

Solarzelle — Elektromotor — b) — Zellen-Rückseite

Abb. 3.9 – Ähnlich einer Batterie kann auch eine einzige belichtete Solarzelle z. B. einen kleinen Solar-Elektromotor antreiben.

3.1 Funktionsweise der Solarzellen

den. Die Ausgangsspannung der Solarzellenkette, bei der die Solarzellen nach *Abb. 3.10* und *3.11* in Reihe geschaltet werden, addiert sich ähnlich wie die Ausgangsspannung mehrerer Batterien. Der Strom einer solchen Kette bleibt dabei praktisch unverändert. Der Begriff „praktisch" bezieht sich hier allerdings auf die Bedingung, dass alle Zellen einer solchen Kette denselben Strom liefern können. Ist unter diesen Zellen eine einzige, deren Strom etwas niedriger liegt, ist für den maximalen Strom der ganzen Zellenreihe – nach dem Prinzip des schwächsten Gliedes einer Kette – die schwächste Solarzelle nach *Abb. 3.10 b* bestimmend.

Viele Solarzellen – sowie auch Solarmodule – weisen eine Herstellerstreuung von ±10 % auf. Solar-

zellen, die z. B. laut technischer Daten als **0,47-V/3,3-A-Zellen** mit einer **Toleranz von ±10 %** angeboten werden, können demzufolge vor allem beim Zellenstrom (seltener bei der Zellenspannung) Abweichungen aufweisen, die den Strom der ganzen Zellenreihe beeinträchtigen. Anstelle der theoretischen 3,3 A kann der tatsächliche Strom der einzelnen Zellen zwischen ca. 2,97 und 3,63 A liegen. Sind solche Zellen in Reihe nach *Abb. 3.10 b* geschaltet, bestimmt die schwächste Solarzelle den Strom, der von der Kette maximal bezogen werden kann.

Um eine ausreichend hohe Solarspannung zu erhalten, werden bei der Herstellung von Solarmodulen auch lange Solarzellenreihen zu einer Kette nach

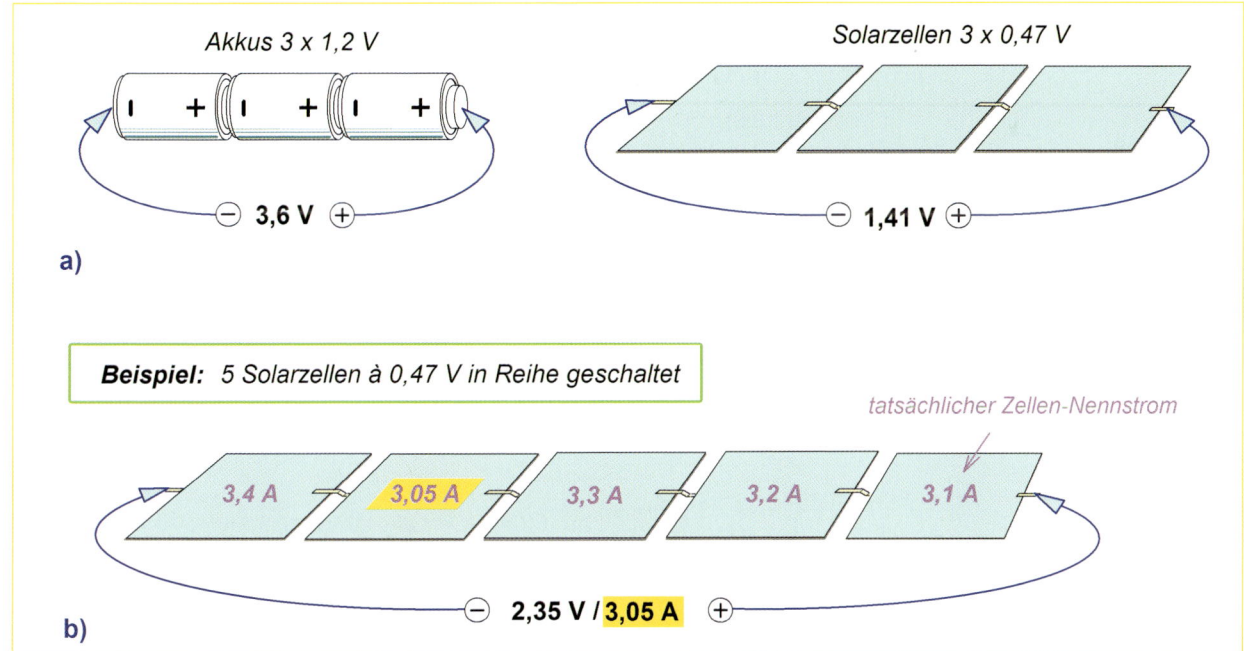

Abb. 3.10 – Die Spannungen einzelner Batterie- oder Zellenglieder, die in Reihe geschaltet sind, addieren sich: **a)** Drei Akkus und drei Solarzellen in Reihe geschaltet: **b)** Den maximalen Strom einer Zellenkette bestimmt die Solarzelle mit dem niedrigsten Strom.

3.1 Funktionsweise der Solarzellen

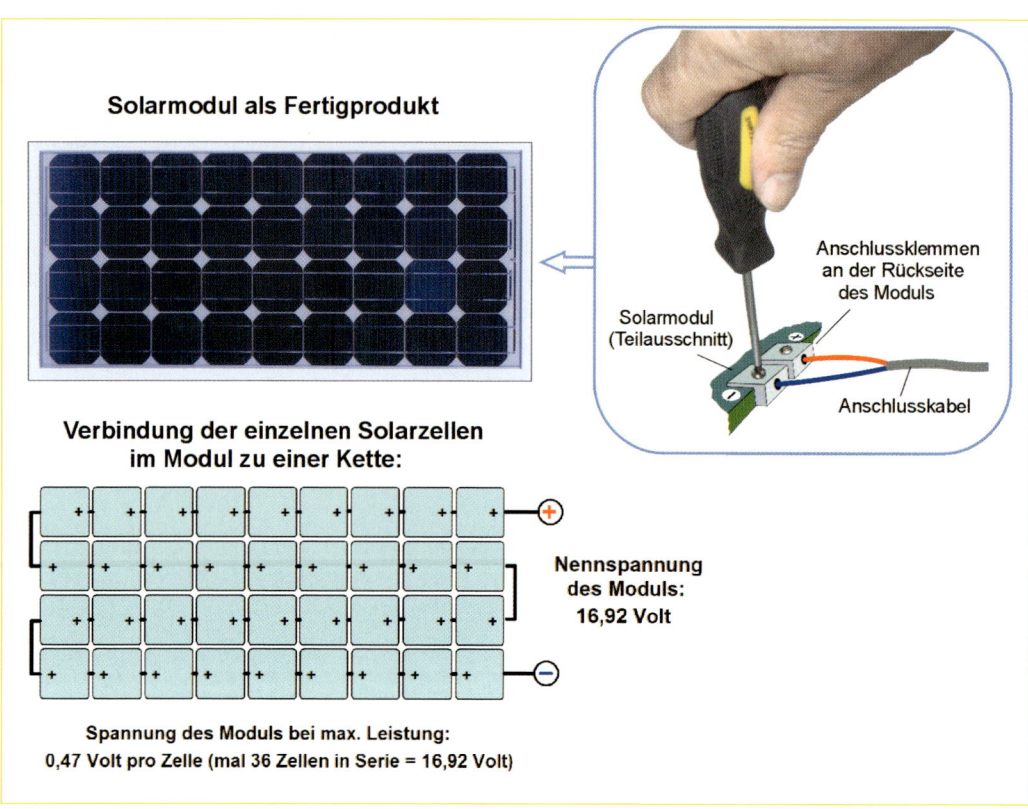

Solarmodul als Fertigprodukt

Anschlussklemmen
an der Rückseite
des Moduls

Solarmodul
(Teilausschnitt)

Anschlusskabel

**Verbindung der einzelnen Solarzellen
im Modul zu einer Kette:**

Nennspannung
des Moduls:
16,92 Volt

Spannung des Moduls bei max. Leistung:
0,47 Volt pro Zelle (mal 36 Zellen in Serie = 16,92 Volt)

Abb. 3.11 – Um eine erforderlich hohe Solarspannung zu erhalten, werden längere Zellenreihen zu einer Kette zusammengelötet, und zu einem Solarmodul zusammengebaut

Abb. 3.11 zusammengelötet, anschließend wie eine Schmetterlings-Sammlung unter einer Glasscheibe eingerahmt und mit einer speziellen lichtdurchlässigen Gussmasse eingegossen oder zwischen zwei Schutzfolien vakuumdicht eingebettet. Je nach der verwendeten Anzahl und Größe der angewendeten Solarzellen entstehen auf diese Weise Solarmodule unterschiedlicher Größe und Form.

Wir haben bereits im Zusammenhang mit *Abb. 3.7* darauf hingewiesen, dass eine „ganze" Solarzelle wie

ein Kuchen auch in kleinere Einzelzellen zerteilt werden kann, um kleinere Solarmodule erstellen zu können, bei denen der Nennstrom niedriger sein darf, als die ganzen

maximale Ausgangsspannung der Kette: 8,46 V
maximaler Ausgangsstrom: 1,5 A

Abb. 3.12 – Einige Solarmodule sind nur mit halben Solarzellen bestückt.

3.1 Funktionsweise der Solarzellen

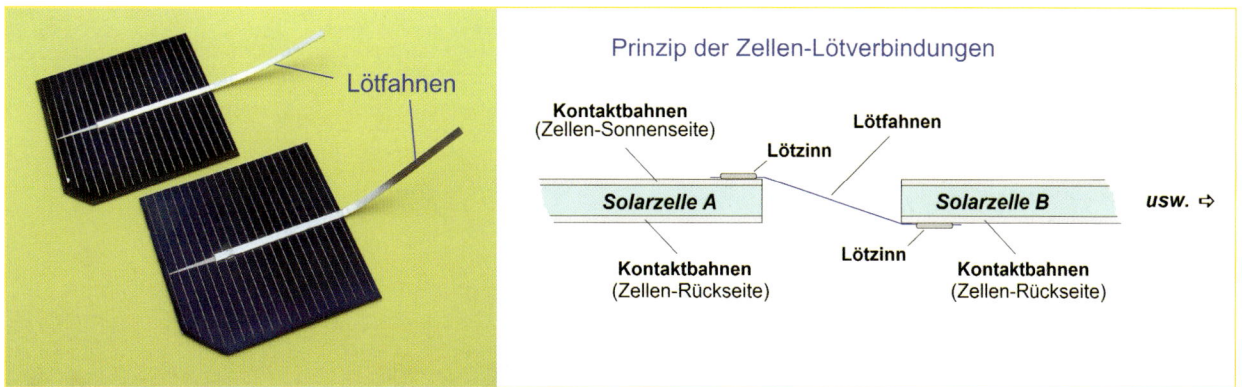

Abb. 3.13 – Solarzellen werden oft bereits beim Hersteller mit Lötfahnen versehen.

Zellen liefern. In diversen Solarmodulen werden z. B. nach *Abb. 3.12* nur halbe Solarzellen eingebettet.

Den Modulherstellern liefern die Solarzellenhersteller die Zellen der gewünschten Größe auf Wunsch auch mit bereits angelöteten *Lötfahnen (Abb. 3.13)*, mit denen die Zellen vor dem Einbetten ins Modul zu den angesprochenen Ketten zusammengelötet werden.

Durch die Teilung weisen die einzelnen Teile der Solarzelle keinen Spannungsverlust auf. Nur der Strom der Zelle verringert sich proportional zur Zellenfläche. Das gilt z. B. auch für eine in mehrere Stücke zerbrochene Solarzelle – wie *Abb. 3.14* verdeutlicht.

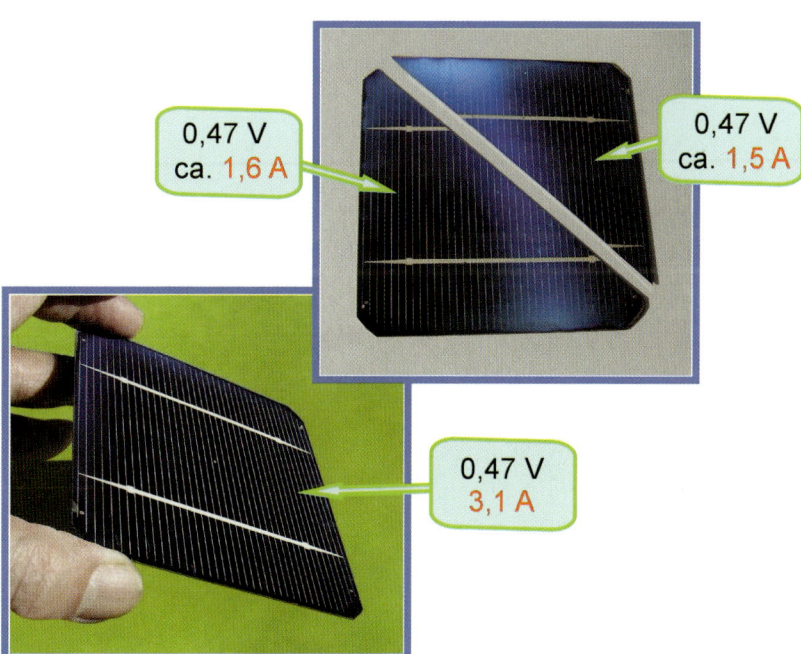

Abb. 3.14 – Wird eine Solarzelle in zwei oder mehrere Stücke geteilt, bzw. auch nur zerbrochen, kann jedes Bruchstück die ursprüngliche volle Spannung liefern, aber Strom und Leistung entsprechen dann jeweils nur den Proportionen der Zellenflächen.

3.2 Solarzellen messen?

Wie sich eine Solarzelle bei unterschiedlicher Belichtung verhält, können Sie am einfachsten mit einem *Multimeter* austesten. Es sind keine aufwendigen Messungen erforderlich, denn es genügt, wenn das Multimeter auch nur ungefähr anzeigt, welche Spannung die Solarzelle liefert, wenn sie optimal gegen die Sonne ausgerichtet ist, wie sie darauf reagiert, wenn sie von der Sonne weggedreht wird usw.

Wir haben bereits im 2. Kapitel einige Grundschaltungen mit Leuchtdioden gezeigt, bei denen der LED-Strom (I_F) oder die LED-Spannung (U_F) mit einem Multimeter gemessen wird. Wenn Sie noch kein Multimeter besitzen, werden Sie es für die richtige Einstellung des LED-Stroms benötigen.

Kennen Sie sich bereits mit Multimetern etwas aus? Wenn nicht, dann lesen Sie bitte die hier eingerahmten Tipps. Andernfalls können Sie das Eingerahmte überspringen.

Es gibt zwei Grundtypen von Multimetern: Analog- und Digitalmultimeter. Bei Analogmultimetern (Zeigermultimetern) zeigt den Messwert ein Zeiger an, bei Digitalmultimetern wird der Messwert an einem LCD-Display mit Ziffern (digital) angezeigt.

Bei den meisten Analogmultimetern zeigt der Zeiger die Span-

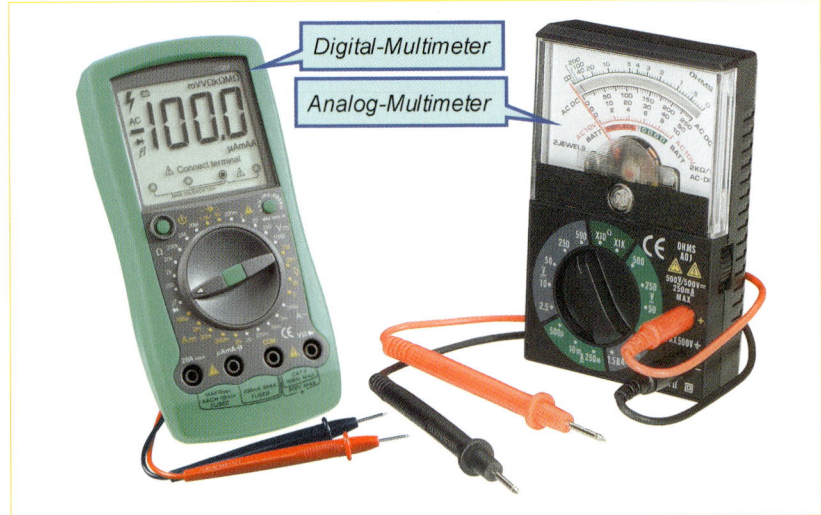

Abb. 3.15 – Multimeter sind wahlweise als digitale oder analoge Multimeter erhältlich.

nungsschwankungen zügig und gleitend an, wie z. B. auch der herkömmliche Tachometer im Auto. Bei einem Digitalmultimeter erscheint dagegen der Messwert oft erst nach Umherspringen der Ziffern und das kann z. B. bei einer gleitenden Belichtung einer Solarzelle frustrierend sein: Es dauert oft recht lange, bis ein Messwert angezeigt wird.

Bei einem Autotachometer wäre eine solche schwankende Anzeige undenkbar, denn er müsste eine jeweils längere Zeitspanne die Fahrtgeschwindigkeit konstant halten, damit die Digitalanzeige einen Wert lesbar

anzeigen kann. Das Gleiche gilt für die Anzeige der jeweiligen Ausgangsspannung einer Solarzelle: Möchte man am Multimeter sehen, wie sich z. B. die Spannung einer Solarzelle gleitend und unmittelbar mit der Veränderung der Belichtung ändert, ist ein Zeigermultimeter vorteilhaft. Sein Zeiger zeigt z. B. gleitend an, wie die Ausgangsspannung der Solarzelle sinkt oder steigt, wenn man sie von der Sonne wegdreht oder wieder zurück zu der Sonne ausrichtet, wie die Solarzelle auf Teilbeschattung reagiert usw.

Beim Messen von Festwerten, zu denen z. B. eine gelegentliche Kontrolle der Spannung einer Batterie bzw. auch die Einstellung des optimalen Betriebsstroms (I_F) einer LED gehört, macht das träge Verhalten eines Digitalmultimeters nichts aus. Digitalmultimeter haben, im Vergleich zu Analogmultimetern, diverse andere Vorteile: Sie sind strapazierfähiger, beim Ablesen der Messwerte muss nicht nach der für den Messbereich zutreffenden Scala gesucht werden und der Herstellungsaufwand ist geringer, denn der anspruchsvolle feinmechanische Teil des Zeigersystems entfällt.

Fazit: Beim Experimentieren mit der gleitend veränderten Belichtung einer Solarzelle oder eines Solarmoduls verhindert bei einem Digitalmultimeter das lange Umherspringen der Ziffern den eigentlichen Sinn des Messens bzw. der Experimente. Dies ist vor allem bei preiswerteren Digitalmultimetern ein großes Handicap. Aber Vorsicht bitte: Auch unter den teuren Multimetern gibt es Geräte, deren Messgenauigkeit schlecht ist und die mit Funktionen ausgestattet sind, die ein privater Anwender nicht benö-

tigt. Ein professioneller Anwender wendet für spezielle Messungen (von z. B. Kapazität, Frequenz oder Temperatur) wiederum Spezialmessgeräte mit gehobener Messgenauigkeit an.

Die **Messgenauigkeit** wird bei den Messgeräten in Messfehlerprozenten z. B. in der Form von ±2 oder ±3 % angegeben und ist bei den Gleichspannungs- und Gleichstrom-Messbereichen meist etwas höher als bei den Wechselspannungs- und Wechselstrom-Messbereichen. Das trifft sich im Zusammenhang mit unseren Themen gut, denn wir arbeiten hier nur mit Gleichspannung und Gleichstrom. Wichtig ist dabei vor allem, dass z. B. die Einstellung des optimalen Nennstroms bei einer teuren Leistungs-Leuchtdiode möglichst genau erfolgt. Andernfalls leuchtet die LED unnötig schwach oder – wenn sie einen höheren Strom bezieht, als sie verkraftet – sie verabschiedet sich innerhalb kurzer Zeit. Aus dieser Sicht ist gerade bei dieser Messung ein gutes Messgerät (gerne auch digital) vorteilhaft. Für eine zügige Anzeige von Veränderungen der Ausgangsspannung an einer Solarzelle genügt dagegen auch das preiswerteste Zeigermultimeter, das oft für etwa 5 bis 10 €

Wichtiger Hinweis

Bedauerlicherweise werden in letzter Zeit auch Analogmultimeter vertrieben, deren Zeiger ähnlich träge oder launisch die Messwerte anzeigen, wie die Digitalmultimeter. Die Ursache liegt darin, dass für diese Multimeter aus Kostengründen dieselben ICs verwendet werden wie für die Digitalmultimeter. Bei solchen Messgeräten ist damit der einzige Vorteil der Analogmultimeter hinfällig. Da wir für flotte Messungen – auch für Widerstandsmessungen und schnelle Durchgangsprüfungen – bisher *Analog*multimeter empfohlen haben, weisen wir nun mit Nachdruck darauf hin, dass diesen Vorteil **nicht mehr alle** Analogmultimeter haben. Wenn Ihnen ein Analogmultimeter zum Kauf angeboten wird, bei dem schon in der Bedienungsanleitung unter „Widerstandsmessung" steht: „Beide Messspitzen kontaktieren und danach warten, bis sich der Zeiger beruhigt hat ...", dann ist damit zu rechnen, dass es sich um ein Arbeitsgerät handelt, das die gewünschten Anforderungen nicht erfüllt. Falls Sie das erst nach dem Kauf zu Hause merken, können Sie von Ihrem Rückgaberecht Gebrauch machen.

67

3.2 Solarzellen messen?

erhältlich ist, denn hier ist eine hohe Messgenauigkeit nicht erforderlich.

Das Ablesen der Messwerte ist bei den analogen Messgeräten für einen Einsteiger zwar gewöhnungsbedürftiger als bei einem Digitalmultimeter. Fängt man jedoch z. B. mit dem Messen an niedrigen Spannungsquellen, wie einer Solarzelle oder kleinen Batterie, an, ist das Ablesen des Messwerts auch nicht schwieriger, als bei dem Autotachometer.

Jedes Multimeter hat allerdings mehrere Messbereiche, darunter auch mehrere Messbereiche für die Gleichspannung. Es hat auch Messbereiche für die Wechselspannung, für den Gleich- und Wechselstrom, für Widerstände usw., aber die interessieren uns momentan noch nicht. Wir wollen ja erst die Gleichspannung an einer einzigen Solarzelle messen.

Die Solarzelle erzeugt eine Gleichspannung, die als Leerlaufspannung bei ca. 0,6 Volt liegt. Das ist eine Spannung an unbelasteter („leerlaufender") Zelle und hat bei unseren informativen Experimenten keine zu große Bedeutung. Sobald wir die Zelle z. B. nach *Abb. 3.16* mit einem Widerstand belasten, sinkt die Leer-

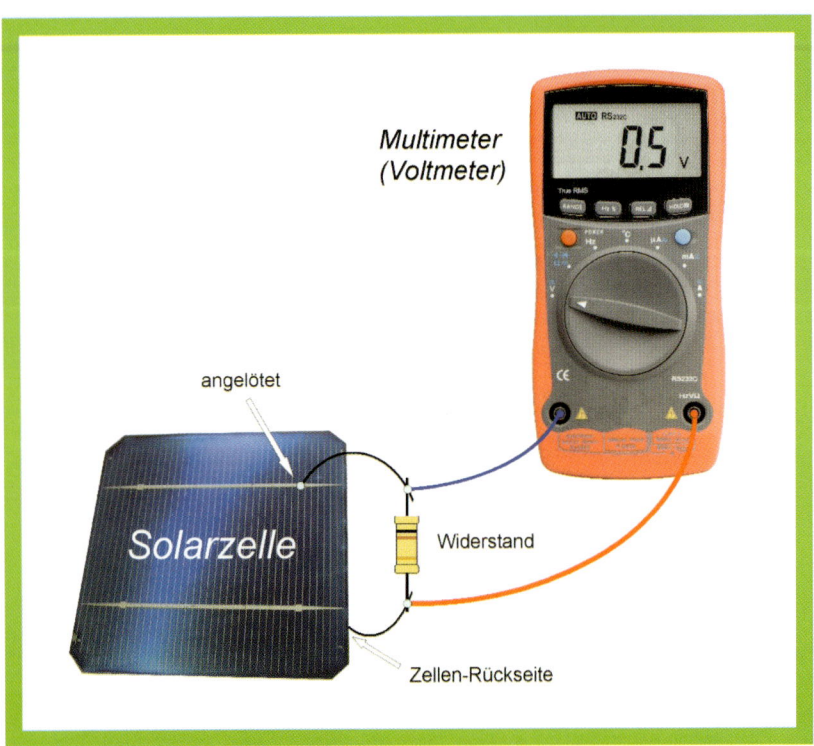

Abb. 3.16 – Testen einer Solarzelle.

laufspannung in die Nähe der **Spannung bei maximaler Belastung**, die auch als **Nennspannung** bezeichnet wird.

Mit anderen Worten: Nur eine unbelastete Zelle weist die Leerlaufspannung auf. Wenn diese Zelle voll belastet wird, sinkt ihre Spannung auf die Nennspannung von ca. 0,46 Volt.

Die Spannung einer nur „halb belasteten Zelle" liegt zwar bei etwa 0,5 Volt, aber bei der Planung einer Photovoltaik-Anlage rechnen wir normalerweise nur mit den 0,46 Volt. Es ist nicht erstrebenswert, nur mit halber Belastung der Solarmodule zu rechnen (obwohl sie oft bei denen vorkommt, die als Ladestromquellen von Speicherbatterien dienen).

Soweit man nur ausprobieren möchte, wie sich die Spannung einer Solarzelle ändert, wenn man sie von der Sonne wegdreht, können wir an die unbelastete Solarzelle das Multimeter anschließen und unter freiem Himmel etwas experimentieren: die Solarzelle zur Sonne drehen, von der Sonne langsam wegdrehen, bei bewölktem Himmel die Experimente fortsetzen usw.

Hinweise zu Abb. 3.17: Löten Sie erst oben und unten an die silbernen Leiterbahnen der Zelle oder eines Zellenbruchstücks ein dünnes Drähtchen an. Es ist egal,

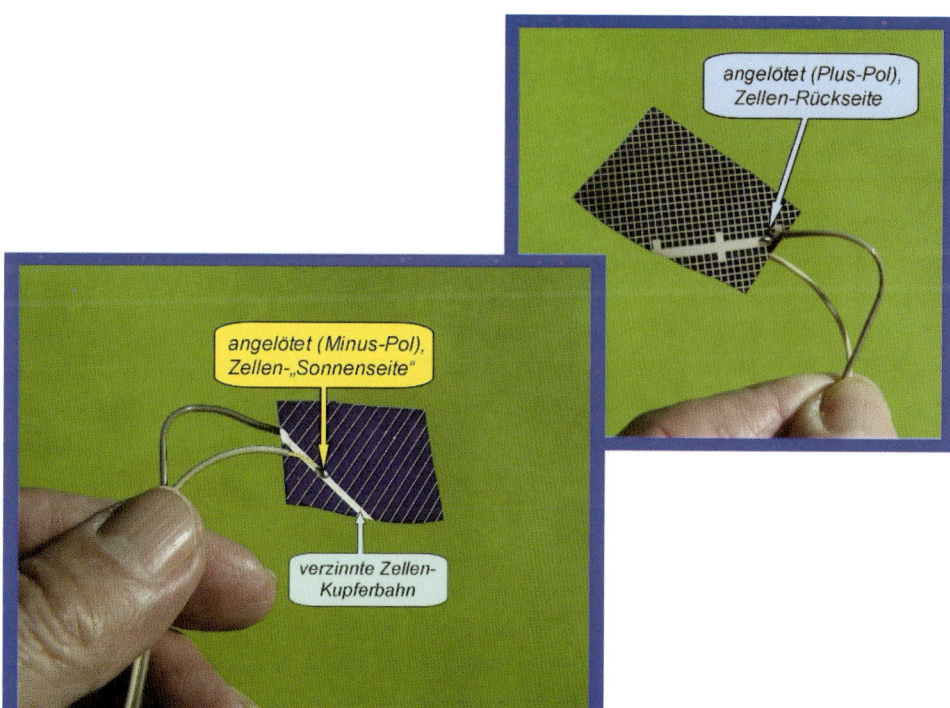

Abb. 3.17 – Provisorische Anschlüsse an einer Solarzelle bzw. an einem Solarzellen-Bruchstück.

3.2 Solarzellen messen?

wo die Lötstellen angebracht werden, aber eine breitere Leiterbahn verdient aus mechanischen Gründen Vorrang. Achten Sie beim Löten darauf, dass Sie die Lötstelle nicht unnötig stark erhitzen, denn die Leiterbahn könnte sich von der Zelle lösen. Der Widerstand fungiert an der Zelle als Last. Bei Solarzellen, die größer als ca. 50 x 100 mm sind, ist ein Widerstand von ca. 2,2 bis 5,6 Ohm/025 Watt erforderlich. Bei kleineren Zellen sind angemessen größere Widerstandswerte von z. B. 4,7 bis 12 Ohm günstiger, da andernfalls (= bei kleineren Widerstandswerten) die Zellen beim Messen zu heiß werden, wenn sie nicht wärmeleitend eingebettet sind.

Bitte beachten: Bevor Sie mit einem Multimeter zu messen beginnen, müssen Sie den richtigen Messbereich auswählen (einschalten). Dieser sollte immer etwas höher sein als die höchsten gemessenen Werte. Das wäre bei der Solarzelle die Leerlaufspannung von ca. 0,6 Volt. Theoretisch würde hier also ein Messbereich von 1 Volt ausreichen. Wenn er auf dem Multimeter nicht verfügbar ist, genügt auch ein etwas höherer Messbereich von z. B. 1,5 oder 2,5 V.

Falls Sie bevorzugt nur die echte Nennspannung (unter Belastung) an der Solarzelle messen möchten, wofür z. B. ein Messbereich von 0,5 V am Multimeter ausreichen würde, muss parallel an die Zelle *(nach Abb. 3.16)* ein Widerstand als Verbraucher angeschlossen werden. So können Sie praktisch austesten, welche Span-

nung eine belastete Solarzelle unter verschiedenen Umständen liefert: auf dem Balkon, vor dem Hauseingang, in der hinteren Gartenecke usw., auch in Hinsicht auf die Sonnenintensität und auf den Neigungswinkel.

Für einfache Testzwecke können Sie – anstelle der Solarzelle aus *Abb. 3.16* – alternativ eine kleine gekapselte Solarzelle oder ein gekapseltes Solar-Minimodul *(Abb. 3.18)* verwenden. Solche Minimodule, die einige Anbieter als „Minipanels" bezeichnen, sind für niedrige Nennspannungen von z. B. 3 Volt ausgelegt. Der Nennstrom beträgt dann etwa 80 mA (= 0,08 A), die Abmessung ca. 9,5 x 6,5 x 0,6 cm.

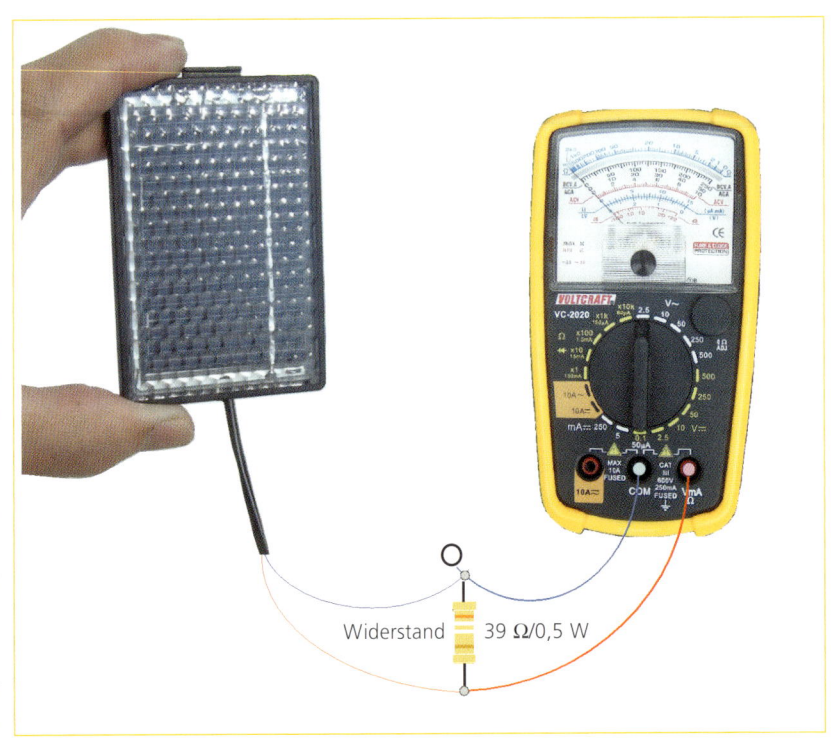

Widerstand 39 Ω/0,5 W

Abb. 3.18 – Testen eines Mini-Solarmoduls.

3.3 Das richtige Solarmodul

Ein Solarmodul, das zum Nachladen einer Speicherbatterie angewendet wird, sollte für eine Nennspannung (= Ladespannung) ausgelegt sein, die mindestens 50 % höher ist als die Nennspannung der Batterie.

Wir sehen uns an einem konkreten Beispiel an, wo der technisch bedingte Sinn einer solchen Dimensionierung liegt:

Angenommen, für eine LED-Beleuchtung ist eine kleine 12-Volt-Bleibatterie vorgesehen. Die „12 Volt" stellen bei der Batterie nur eine *Nennspannung* dar. In Wirklichkeit beträgt die Spannung einer voll aufgeladenen Bleibatterie ca. 14 Volt und einer „leeren" Bleibatterie ca. 10 bis 10,5 Volt. Von der Type der Batterie hängt ab, wie tief sie entladen werden darf. Diese sogenannte *Tiefentladeschwelle* der Batterie führt der Hersteller unter den technischen Daten auf.

Wird die Bleibatterie unterhalb dieser Schwelle entladen, kann sie beschädigt oder sogar vernichtet werden. Viele Autofahrer haben diese Erfahrung bereits mit ihrer Autobatterie gemacht: Ein Licht war versehentlich zu lange eingeschaltet geblieben und das Fahrzeug startete danach nicht mehr, weil die Batterie „leer" war. Wenn dabei

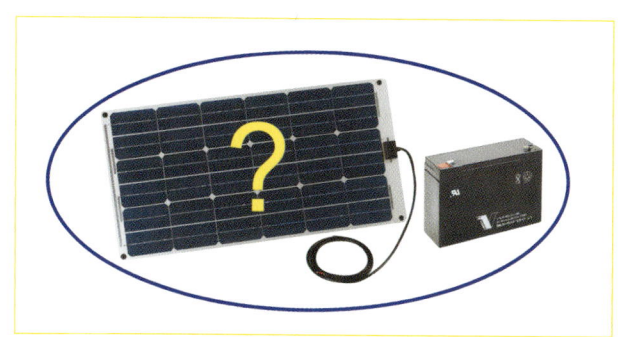

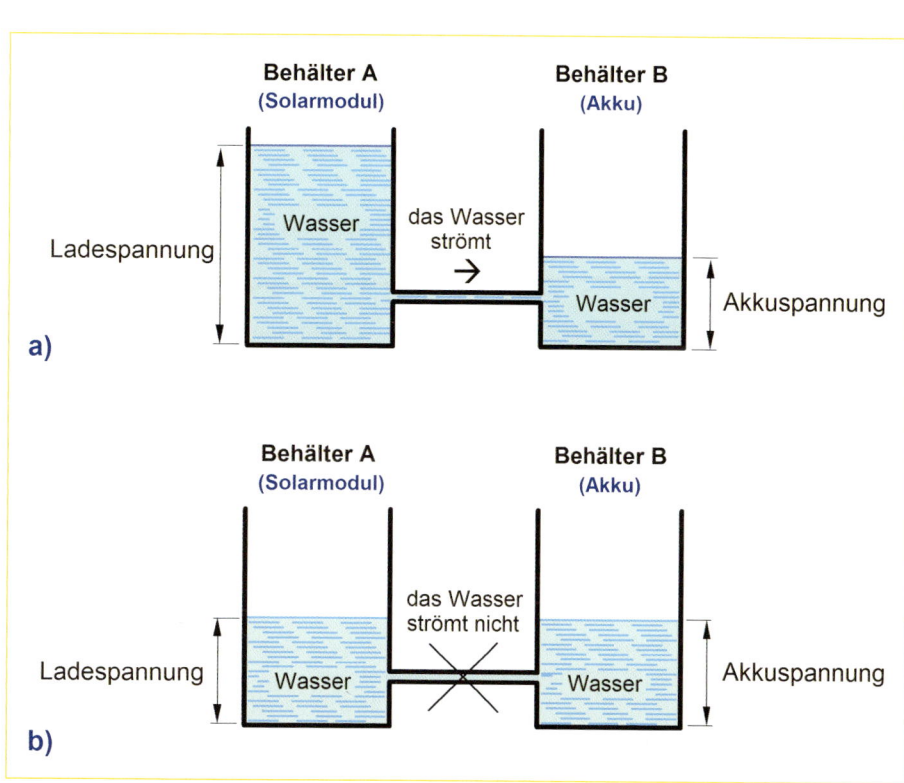

Abb. 3.19 – Das Laden eines Akkus unterliegt ähnlichen Prinzipien wie das Nachfüllen des rechts eingezeichneten von dem des links eingezeichneten Wasserbehälters: Das Wasser kann von links (= vom Solarmodul) nach rechts (in den Akku) nur dann strömen, wenn der Wasserspiegel des linken Behälters höher ist als der des rechten bzw. wenn die Solarspannung höher ist als die Akkuspannung.

3.3   Das richtige Solarmodul

die Batterie tiefer entladen wurde, als sie verkraften konnte, lässt sie sich zwar anschließend wieder nachladen, hält aber unter Umständen (wenn sie zu tief entladen wurde) ihre „Energiereserve" nicht mehr in üblicher Menge zugriffbereit.

Nun zurück zur tatsächlichen Spannung einer voll aufgeladenen 12-Volt-Bleibatterie und zum Ladeverfahren: Wir haben bereits im 1. Kapitel *(Abb. 1.6 bis 1.8)* die Funktion einer Laderegelung und eines Tiefentladeschutz-Geräts kurz erläutert. Wer bereits Erfahrung mit Ladegeräten hat, die einfach an die Netz-Steckdose (230 V~) angeschlossen werden, der weiß, dass man sich hier nicht darum zu kümmern braucht, wie das Ladegerät die bezogene Netzspannung intern aufbereitet. Anders ist es beim Laden mit Solarstrom, denn normale Laderegler können die vom Solarmodul bezogene Spannung zwar verringern, aber nicht erhöhen.

Eine Batterie kann nur dann geladen werden, wenn die Ladespannung höher ist als ihre momentane Spannung, da in sie ansonsten vom Laderegler kein Ladestrom fließen kann. Das Laden – oder Nachladen – der Batterie fängt jeweils erst dann an, wenn die Ladespannung höher ist als die jeweilige Spannung der Batterie. Es hört dann wieder auf, wenn die Ladespannung unterhalb der Spannung sinkt, auf die die Batterie inzwischen aufgeladen ist. Hier handelt es sich um ein leicht verständliches Prinzip, das *Abb. 3.19* anhand der zwei Wasserbehälter erläutert.

Solarmodule, die für das Nachladen von Akkus (Batterien) vorgesehen sind, müssen aus diesem Grund immer für eine wesentlich höhere *Nennspannung* ausgelegt sein, als es die Nennspannung der Batterie ist. Dies auch aus dem Grund, dass die Batterie einen kräftigeren Ladestrom nur dann bezieht, wenn die Ladespannung angemessen höher ist als die momentane Batteriespannung. Hier handelt es sich um dasselbe Prinzip wie bei den zwei Wasserbehältern aus *Abb. 3.19:* Solange der

Unterschied zwischen den zwei Wasserspiegel-Höhen groß ist, fließt der Wasserstrom schnell vom linken Behälter in den rechten Behälter. Verringert sich dieser Unterschied, fließt auch der Wasserstrom langsamer.

Mithilfe der in *Abb. 3.20* eingezeichneten Messgeräte, an deren Stelle in der Praxis einfach abwechselnd ein Multimeter angeschlossen wird, kann die Abhängigkeit des Ladestroms von der jeweiligen Batteriespannung verdeutlicht werden. Bei diesem Beispiel handelt es sich allerdings nur um die Erläuterung der Zusammenhänge, die beim solarelektrischen Laden eine wichtige Rolle spielen. Die hier aufgeführten Messwerte sind nur als Beispiele zu betrachten und haben keine allgemeine Gültigkeit, weil der tatsächliche Ladestrom, der vom Solarmodul in die Batterie fließt, nicht nur von dem Spannungsunterschied zwischen der jeweiligen *Ladespannung* und der jeweiligen Akkuspannung, sondern auch vom *Innenwiderstand* der Batterie abhängt. Der ist bei jeder Batterie anders und ändert sich in gewissen Grenzen, abhängig vom Stand der momentanen Aufladung, der Konzentration des Elektrolyts und der Größe (Kapazität) der Batterie.

Es handelt sich dabei um einen leicht definierbaren Zusammenhang, der auf dem ohmschen Gesetz **„Strom = Spannung : Widerstand"** ($I = U : R$) beruht.

Als *Spannung* zählt bei dieser Formel (in diesem Zusammenhang) *nur* der jeweilige Spannungsunterschied zwischen der Ladespannung (Solarspannung) und der jeweiligen Batteriespannung. Die Ausgangsspannung eines Ladereglers ist durch seine internen Spannungsverluste immer um ca. 0,5 bis 1 Volt niedriger als die ihm zugeführte Solarspannung.

Die letzten Informationen, bei denen wir auch den Innenwiderstand der Batterie angesprochen haben, dürften in die „Geheimnisse" des Ladens zwar etwas Licht bringen, sind aber eher theoretisch von Bedeutung. Der jeweilige Innenwiderstand einer Batterie

3.3 Das richtige Solarmodul

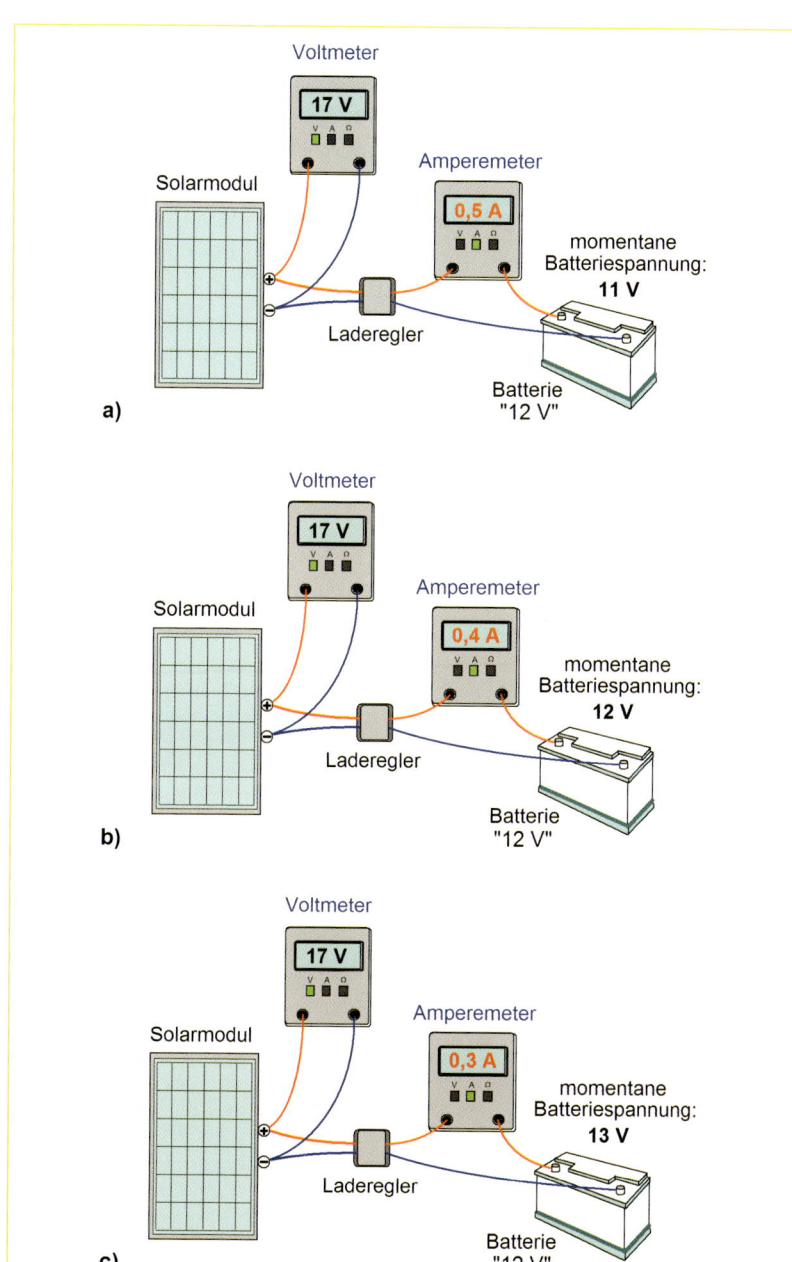

Voltmeter **17 V** V A Ω

Solarmodul

Amperemeter **0,5 A** V A Ω

momentane Batteriespannung: **11 V**

Laderegler

Batterie "12 V"

a)

Voltmeter **17 V** V A Ω

Solarmodul

Amperemeter **0,4 A** V A Ω

momentane Batteriespannung: **12 V**

Laderegler

Batterie "12 V"

b)

Voltmeter **17 V** V A Ω

Solarmodul

Amperemeter **0,3 A** V A Ω

momentane Batteriespannung: **13 V**

Laderegler

Batterie "12 V"

c)

kann leider nicht mit einem Multimeter ermittelt werden. Sie könnten ihn jedoch über den in *Abb. 3.20a* dargestellten „Umweg" ermitteln:

Ausgehend davon, dass im Laderegler ein Spannungsverlust 0,5 Volt entsteht, bleibt uns ein Spannungsunterschied (Solarspannung minus Akkuspannung) von ca. 5,5 V übrig. Die Batterie bezieht einen Ladestrom von 0,5 A.

$$5,5 \text{ V} : 0,5 \text{ A} = 11 \ \Omega$$

Der Innenwiderstand der Batterie beträgt also 11 Ohm (11 Ω).

Wozu kann so etwas gut sein? Die Antwort darauf finden Sie in dem folgenden Kapitel.

Abb. 3.20 – Bei zunehmender Spannung einer geladenen Batterie sinkt der Ladestrom. Einige „intelligente" Laderegler können jedoch durch spezielle Steuerung des Ladens den Ladevorgang optimieren.

3.4 Lädt Ihr Solarmodul die Batterie richtig?

Bei einer selbst entworfenen und eigenhändig erbauten Solar-Ladevorrichtung lässt sich leicht messtechnisch überprüfen, ob das Ganze auch wirklich gut funktioniert. Wir gehen dabei einfachheitshalber davon aus, dass hier das Laden einer 12-Volt-Batterie von einem Solarmodul erfolgt, dessen **Nennspannung ca. 17,2 Volt** und der **Nennstrom ca. 0,5 bis 0,6 A** beträgt.

Die erforderlichen Vorbedingungen:

a) Ein sonniger Tag und das Solarmodul ist während des Messens optimal gegen die Sonne ausgerichtet;
b) Die 12-Volt-Batterie wird vorher auf 11 Volt entladen (durch vorübergehenden Anschluss eines elektrischen Verbrauchers).

Die Vorgehensweise:

1. Die Batteriespannung wird noch vor dem Anschließen des Ladereglers gemessen und zeigt am Voltmeter tatsächlich 11 Volt an.
2. Die Batterie wird anschließend nach *Abb. 3.21* an den Laderegler angeschlossen, der mit dem Solarmodul verbunden ist.
3. Das Solarmodul liefert eine Spannung von ca. 15,5 bis 17,5 Volt an den Laderegler.
4. Das angeschlossene Amperemeter zeigt nach *Abb. 3.21b* einen Ladestrom von ca. 0,45 bis 0,5 Ampere an.

Stimmt alles? Dann funktioniert das Laden gut! Stimmt es nicht? Dann muss nachgegangen werden, weshalb es nicht stimmt – und zwar in folgender Reihenfolge:

a) Kontrolle der Funktion des Solarmoduls
b) Kontrolle des Ladereglers

c) Kontrolle der Verbindungen und des Ladestroms, der in die Batterie fließt

Ein Grund, weshalb das solarelektrische Laden nicht optimal funktioniert, kann darin bestehen, dass das angewendete Solarmodul nicht richtig auf die geladene Batterie angepasst wurde – auch wenn auf den ersten Blick alles optimal zu stimmen scheint.

Wir sollten dennoch sicherheitshalber erst nach *Abb. 3.21a* prüfen, ob das Solarmodul die vorgesehene Spannung liefert. Handelt es sich um ein Solarmodul, unter dessen technischen Daten eine Toleranz

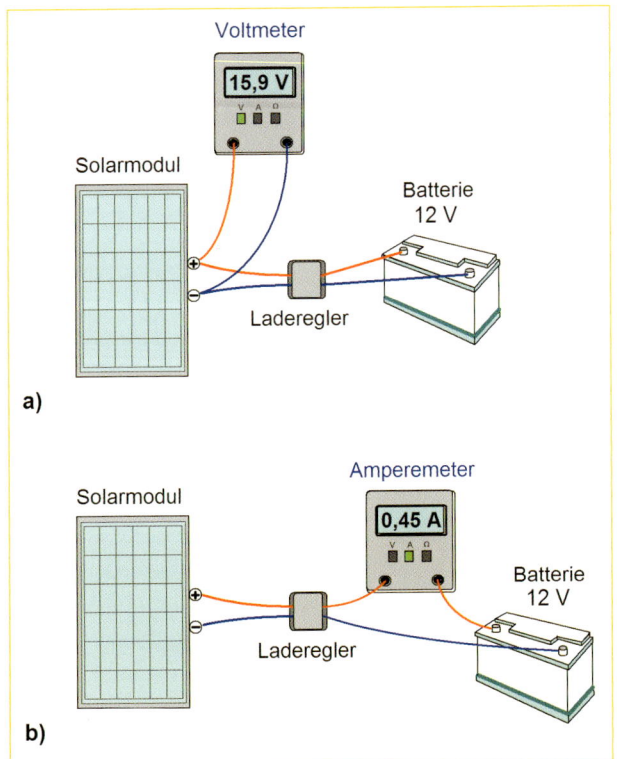

Abb. 3.21 – Kontrolle der Solarspannung und des Ladestroms.

von 10 % angegeben wird, dürfen entweder die Modulspannung oder der Modulstrom 10 % niedriger liegen, als in den technischen Daten steht. Beide Werte sollten jedoch nicht ein Minus von 10 % aufweisen, denn dies würde zur Folge haben, dass die Nennleistung des Moduls (als **Spannung × Strom**) um ca. 19 % unter dem angegebenen Wert liegt – wodurch die zulässige Abweichung von 10 % überschritten wäre. Die in *Abb. 3.21a* und *b* eingezeichneten Messwerte (bei dem Voltmeter und Amperemeter) gelten daher nur als maximale Abweichungen, die nicht gleichzeitig sowohl für die Spannung als auch für den Strom in vollem Umfang (als ein Minus von 10 %) zutreffen dürfen.

Wenn das Solarmodul eine ausreichend hohe Spannung liefert, der Laderegler richtig angeschlossen ist, aber der Ladestrom trotzdem zu niedrig bleibt, kann es daran liegen, dass die geladene Batterie einen zu hohen Innenwiderstand aufweist und somit nicht den vollen Ladestrom bezieht. Dies kann bei einer kleinen Batterie vorkommen, ohne dass irgendein Planungsfehler vorliegt.

Um sich zu vergewissern, dass die Laderegelung als solche intakt ist, kann eine kleine Speicherbatterie probeweise durch eine größere Batterie – z. B. eine Autobatterie – ersetzt werden. Steigt bei diesem Experiment der Ladestrom auf die vorgesehene Höhe, ist die Ursache des zu schwachen Ladens geklärt. Die zu diesem Zweck angewendete Autobatterie sollten Sie vor dem Experimentieren ebenfalls auf ca. 11 Volt entladen. Das setzt allerdings voraus, dass Sie über ein Ladegerät verfügen, mit dem Sie die Batterie nachher wieder angemessen nachladen können.

Ein defekter Laderegler kann ebenfalls Schuld daran sein, dass der Ladestrom zu niedrig ist. Das lässt sich leicht überprüfen, indem das Solarmodul ohne den Laderegler an die Batterie angeschlossen wird. **Zwischen**

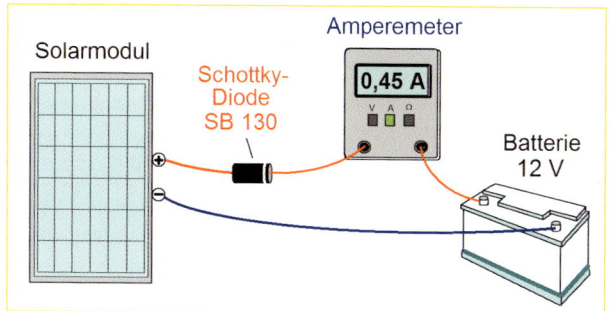

Abb. 3.22 – Bei einer Kontrollmessung des Ladens ohne einen Laderegler muss zwischen das Solarmodul und die Batterie eine Schutzdiode (Schottky-Diode) eingelötet werden, wenn sie nicht bereits im Modul vom Hersteller angebracht wurde.

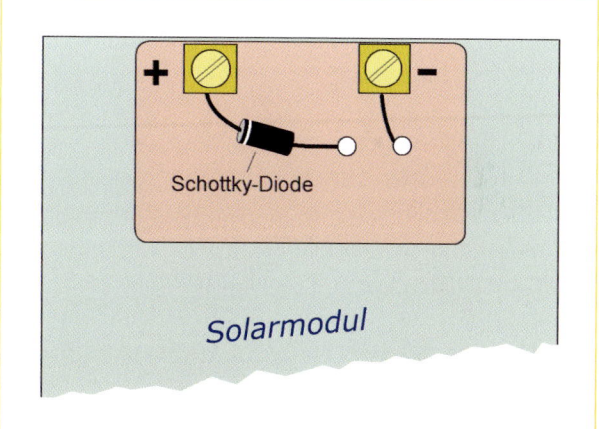

Abb. 3.23 – Kontrollieren Sie, ob sich im Solarmodul (an seinen Anschlussklemmen) nicht bereits eine Schutzdiode (Schottky-Diode) befindet.

dem Solarmodul und der Batterie muss in dem Fall eine Schottky-Diode nach Abb. 3.22 **angeschlossen werden**, da sich andernfalls die Batterie über ein zu gering belichtetes Solarmodul entladen würde.

3.4 Lädt Ihr Solarmodul die Batterie richtig?

In vielen kleineren Solarmodulen ist eine Schottky-Diode bereits herstellerseitig an den Ausgangsklemmen *(nach Abb. 3.23)* angebracht – wodurch sich das empfohlene zusätzliche Anbringen dieser Schutzdiode erübrigt. Anstelle der in *Abb. 3.22* eingezeichneten Schottky-Diode könnte zwar auch eine beliebige Gleichrichterdiode (ab 1 A aufwärts) eingelötet werden, aber an dieser entsteht ein Spannungsverlust von ca. 0,8 bis 1 Volt. An einer guten Schottky-Diode liegt dagegen der Spannungsverlust unter ca. 0,3 Volt – was bei solchen Experimenten von Vorteil ist.

Stellt sich bei diesem Experiment heraus, dass der Ladestrom zu schwach bleibt, obwohl die Spannung des Solarmoduls zumindest die eingezeichneten 15,9 Volt beträgt, weist es darauf hin, dass die angewendete Batterie einen zu hohen Innenwiderstand hat.

Abhilfe
- Wäre es wünschenswert, dass die Speicherbatterie weitere Leuchten oder elektrische Verbraucher (z. B. Autoheizkissen) mit Strom versorgt, kann parallel zu der bestehenden kleinen Batterie eine zweite Batterie derselben Type angeschlossen werden. Der Innenwiderstand der zwei Batterien sinkt dadurch auf die Hälfte und der Ladestrom dürfte somit bis auf das Doppelte steigen. **Vorsicht bitte:** Bevor Sie die Zweitbatterie an die bestehende Batterie anschließen, sollten die Spannungen beider Batterien aneinander angeglichen werden. Das lässt sich grob durch angemessenes Nachladen oder Entladen erzielen, aber zusätzlich sollten die Batterien vorerst einige Stunden lang nach *Abb. 3.24* über eine Autolampe miteinander verbunden werden, damit sich ihre Spannungen ausgleichen.
- Durch Erhöhung der Ladespannung, die z. B. durch das Anschließen eines zweiten Solarmoduls oder einiger gekapselter Solarzellen nach *Abb. 3.25* erzielt wird. Zu achten ist darauf, dass der Nennstrom solcher zusätzlichen Zellen lieber etwas höher ist als der Nennstrom des bestehenden Solarmoduls. Dies

> ### Wichtig
>
> Bei diesem Test, bei dem zwischen dem Solarmodul und der Batterie *vorübergehend* kein Laderegler angewendet wird, muss das Solarmodul erst von der Sonne weggedreht werden. Danach erst wird es langsam gegen die Sonne ausgerichtet, wobei am Amperemeter (am Multimeter, der auf den Messbereich „Ampere DC-0,5 A" geschaltet wird) das entsprechende Ansteigen des Ladestroms kontrolliert wird.

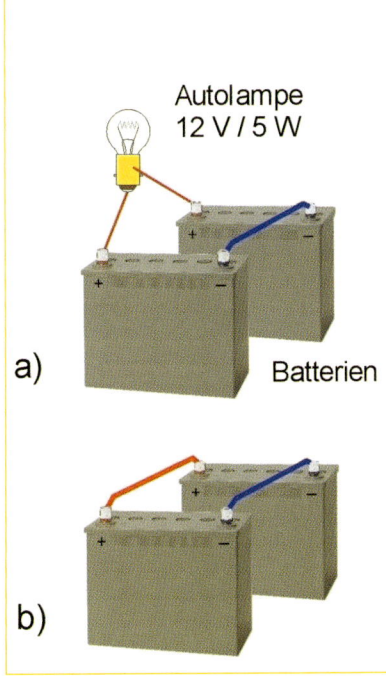

Autolampe 12 V / 5 W

a)

Batterien

b)

Abb. 3.24 – Bevor zwei Batterien miteinander leitend verbunden werden, sollten ihre Spannungen mithilfe einer Autolampe ausgeglichen werden.

kann bei Bedarf auch auf die Weise nach *Abb. 3.25b* gelöst werden. Die Anzahl der zusätzlichen gekapselten Solarzellen kann dabei nach Bedarf gewählt werden.

Wir haben bei den letzten Beispielen immer eine 12-Volt-Batterie angesprochen, um die Ausführungen nicht mit der Laderegelung zu komplizieren. Für 12- oder 24-Volt-Batterien gibt es handelsübliche Solar-Laderegler in großer Auswahl und zu günstigen Preisen. Für Batterien, deren Spannung unter 12 Volt liegt, führt der Handel (noch) keine Laderegler. Dabei können bei der LED-Beleuchtung oft kleinere Batterien eingesetzt werden, deren Nennspannung bei etwa 2,4 Volt (zwei NiMH-Akkus in Reihe) anfängt. Da es sich dabei meist um kleine Batterien handelt, kann man sich eine einfache Laderegelung selber machen. Worauf es dabei ankommt, finden Sie gleich im folgenden Kapitel.

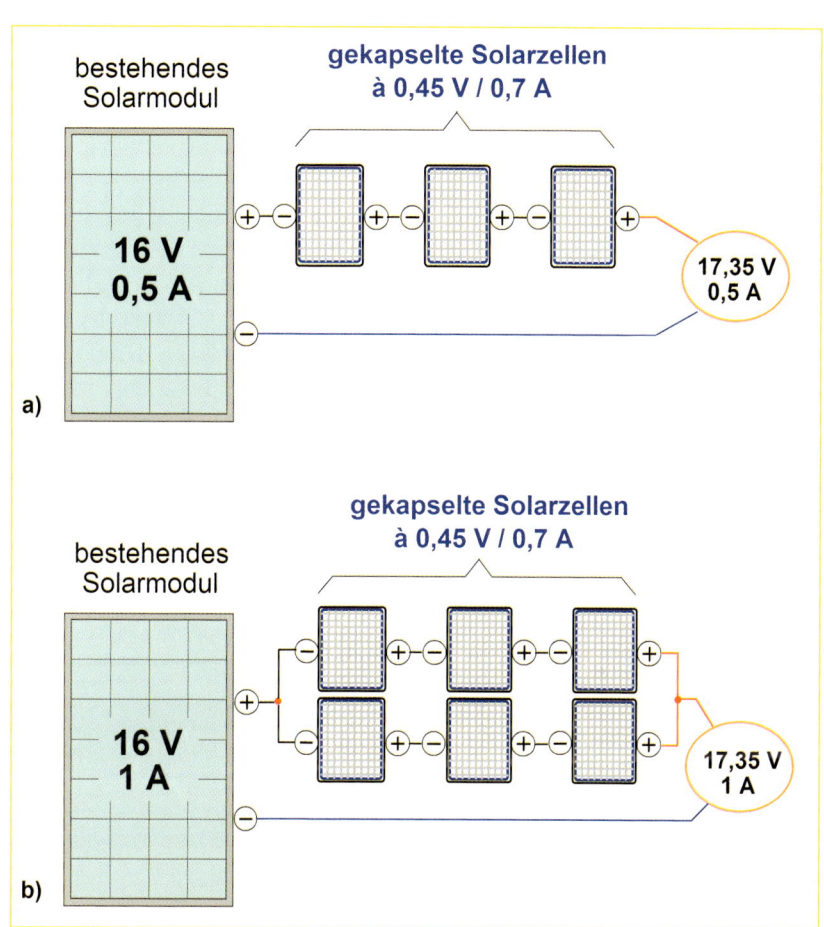

Abb. 3.25 – Mithilfe einiger zusätzlich gekapselten Solarzellen kann die Spannung eines bestehenden Solarmoduls jederzeit erhöht werden.

3.5 Geregelte Ladung kleiner Akkus

Es bleibt in Ihrem persönlichen Ermessen, welche Leuchtdioden Sie für Ihr Vorhaben auswählen und welche Batteriespannung dabei am ehesten infrage kommt.

Herkömmliche Glühlampen sind üblicherweise für Versorgungsspannungen ausgelegt, die mit den gängigen Batteriespannungen übereinstimmen. So gibt es z. B. Glühlampen für eine Spannungsversorgung von 3; 4,5; 6; 12; 24 Volt usw., aber bei den Leuchtdioden liegen die Ansprüche – wie bereits erklärt wurde – auf einer ganz anderen Ebene: Möchte man aus einer Leuchtdiode das Beste herausholen, müssen wir erst den optimalen Strom (I_F) einstellen und anschließend nachmessen, welche Versorgungsspannung (U_F) die LED in diesem Zusammenhang benötigt, um optimal leuchten zu können.

Steht dann in den technischen Daten einer LED, dass sie z. B. für einen Strom I_F von 20 mA und eine Betriebsspannung U_F von 2,7 bis 4,2 Volt ausgelegt ist, stellt die Angabe der U_F in Prinzip nur eine Grauzone dar, wenn es uns darauf ankommt, dass diese LED wirklich optimal leuchtet. Es kann sein, dass sie bereits bei einer Versorgungsspannung von 3 Volt einen Strom von ca. 19 mA bezieht und damit annähernd ihre maximal zulässige Leuchtkraft aufbringt. Auf die

"restlichen" 1 mA dürfen wir eventuell verzichten, wenn wir für die Strommessung keinen teuren Laboratorium-Amperemeter verwenden, sondern ein normales Multimeter, dessen Messgenauigkeit meist begrenzt ist.

Da eine LED-Beleuchtung oft aus mehreren LEDs besteht bzw. im Selbstbau beliebig konfiguriert werden kann, haben wir oft die Möglichkeit zwei oder auch mehrere LEDs in Reihe zu schalten, um es uns mit der passenden Spannungsversorgung leichter zu machen. Nach einem konkreten Beispiel brauchen wir hier nicht lange zu suchen: Die zuvor angesprochene LED-Versorgungsspannung von 3 Volt können wir nicht von NiCd- oder NiMH-Akkus direkt beziehen. Zwei dieser Akkus (in Reihe) haben eine Nennspannung von 2,4 Volt und bei Anwendung von drei dieser Akkus landen wir bei 3,6 Volt. Fünf dieser Akkus in Reihe ergeben aber eine "Batterie" von 6 Volt. Diese Spannung wäre dann exakt für die Versorgung von zwei der 3-Volt-LEDs in Reihe geschaltet – und natürlich auch für beliebig viele solcher Duos "nebeneinander" (parallel) geschaltet.

Nachdem wir für die LED-Spannungsversorgung die vorgesehene Anzahl von Batterien festgelegt haben, ist die Frage des solarelektri-

schen Ladens zu lösen. Am besten eignen sich für solche Anliegen die NiMH-Akkus, die nicht nur umwelt-, sondern auch menschenfreundlich sind. Sie leiden nicht unter dem *Memory-Effekt* der NiCd-Akkus und brauchen daher nicht zwingend vier Mal im Jahr tief ent- und neu geladen zu werden. Außerdem verkraften sie problemlos einen Ladestrom, der bis zu 20 % ihrer Kapazität betragen darf. Dies beinhaltet, dass z. B. ein 1-Ah-NiMH-Akku mit einem Ladestrom von bis zu 0,2 Ah geladen werden kann (Bleiakkus und NiCd-Akkus dürfen nur mit einem Strom geladen werden, der 10 % ihrer Kapazität nicht überschreiten darf).

In der Praxis liegt jedoch das eigentliche Problem nicht bei dem Ladestrom, sondern bei der Ladespannung. Diese sollte zumindest in der Endphase des Ladens maximal 20 bis 22 % höher sein als die offizielle Akku-Nennspannung. Bei einer einfachen Laderegelung genügt es, wenn die Ladespannung so geregelt wird, dass sie während des ganzen Ladens die angesprochenen 20 bis 22 % der Akku-Nennspannung nicht übersteigt.

Für einfachere Haus- und Garten-Projekte darf die Ladespannung auch etwas unterhalb dieser Höchstgrenze liegen. Das hat zwar zur Folge, dass der Akku niemals wirklich „randvoll" aufgeladen ist, aber der Unterschied zwischen „randvoll" und „relativ voll" hat aus praktischer Sicht keine so große Bedeutung. Hier gilt das gleiche Prinzip wie bei einem Bier- oder Weinfass: Es kommt nicht nur darauf an, wie voll es ist, sondern auch auf seine Größe. Das Gleiche gilt auch für einen Akku, dessen Fassungsvermögen bei solchen Anwendungen angemessen großzügiger gewählt werden sollte. Darunter ist Folgendes zu verstehen: Ein „einigermaßen voll" aufgeladener 2-Ah-Akku wird mehr Energie gespeichert haben als ein „randvoll" aufgeladener 1,5-Ah-Akku.

Das wetterabhängige solarelektrische Laden verläuft nach keinem festen Schema. Daher muss hier die Frage gelöst werden, auf welche Weise die Ladespannung unterhalb des Maximums gehalten werden kann, dessen Überschreitung sich auf den geladenen Akku schädlich auswirkt. Eine geringere Überschreitung der Ladespannung hat zur Folge, dass der Akku zu heiß wird, was seine Lebenserwartung herabsetzt. Eine höhere Überschreitung der Ladespannung bringt den Akku zum Kochen und vernichtet ihn.

Einfache Abhilfe kann bei kleineren Ladeströmen eine Zenerdiode bieten, die nach *Abb. 3.26* an die Batterie höchstens nur eine Spannung durchlässt, deren Höhe ihrer typenbezogenen Zenerspannung entspricht. Die Zenerdiode kann zwar eine zu hohe Spannung „abschneiden", aber sie kann eine niedrigere Spannung nicht erhöhen. Wenn z. B. die Solarspannung nur 3 Volt beträgt, lässt die Zenerdiode diese drei Volt ungehindert „durch" und verhält sich so, als ob sie gar nicht da wäre. In der *Abb. 3.26* ist noch eine zweite Diode – die Schottky-Diode SB 130 – eingezeichnet. Diese Diode fungiert nur als ein Ventil, das den Fluss der Spannung vom Solarmodul in den

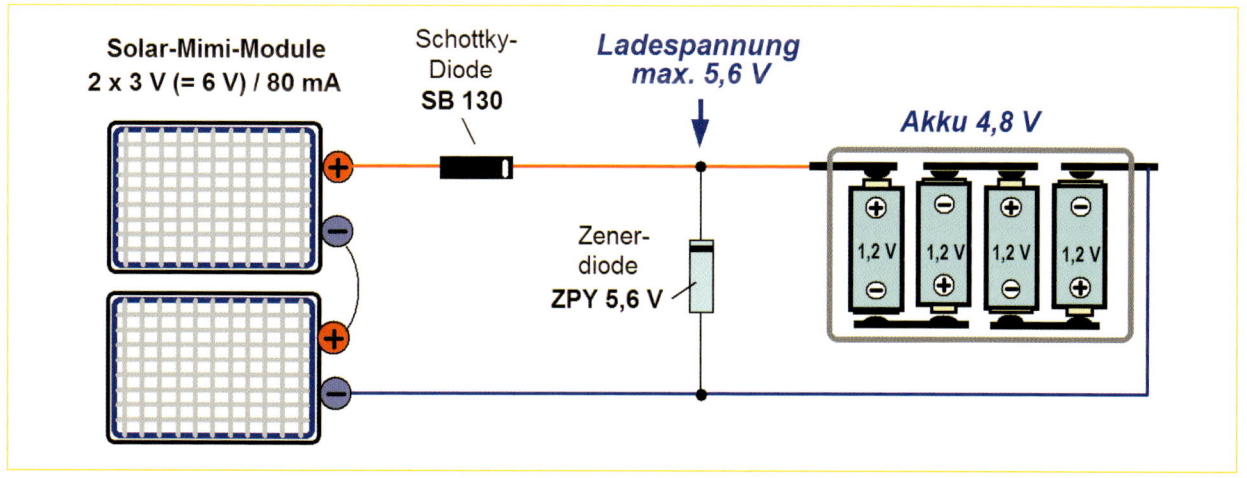

Abb. 3.26 – Eine Zenerdiode lässt zu der geladenen Batterie nur eine Spannung durch, deren Höhe ihrer typenbezogenen Zenerspannung entspricht: Den Spannungsüberschuss wandelt sie in Wärme um und muss daher diesen „unerwünschten" Teil der elektrischen Leistung auch verkraften können.

3.5 Geregelte Ladung kleiner Akkus

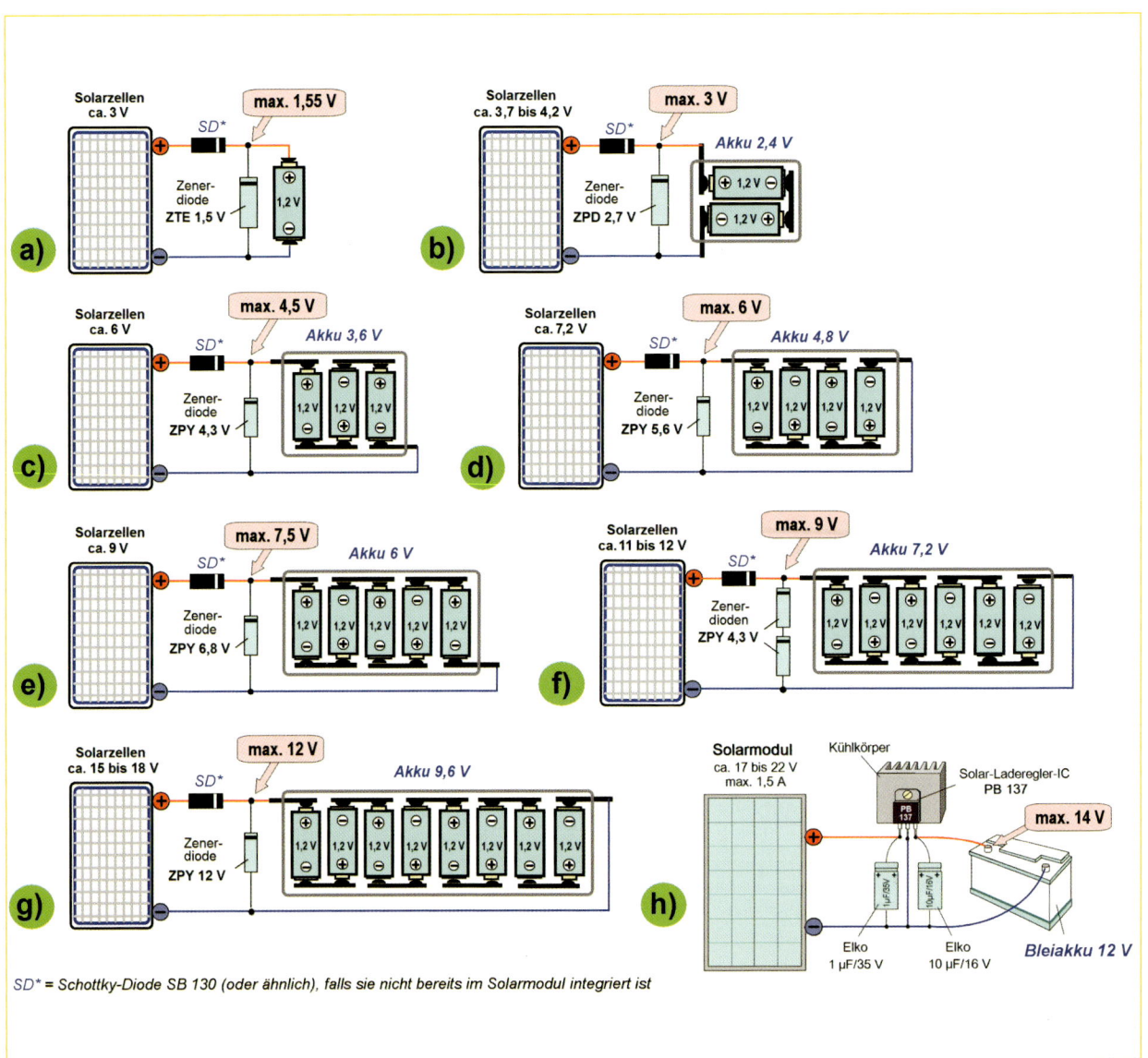

SD* = Schottky-Diode SB 130 (oder ähnlich), falls sie nicht bereits im Solarmodul integriert ist

Abb. 3.27 – Regelung der Ladespannung bei kleineren Akkus: **a)** bis **g)** mithilfe von Zenerdioden bei NiCd- oder NiMH-Akkus, **h)** mit einem Laderegler-IC (für kleine 12-Volt-Bleiakkus).

3.5 Geregelte Ladung kleiner Akkus

Akku durchlässt, aber ihn in der Gegenrichtung sperrt. Wäre diese Diode nicht vorhanden, würde sich der Akku über das Solarmodul entladen, sobald die Modulspannung unter die jeweilige Akkuspannung sinkt.

Wie bereits an anderer Stelle erläutert wurde, entsteht an einer „guten" Schottky-Diode ein Spannungsverlust, der unter 0,3 Volt liegt. An einer normalen Siliziumdiode beträgt der Spannungsverlust mehr als das Doppelte bzw. sogar das Dreifache. Das ist in der Solartechnik unerwünscht, denn dadurch kann die Spannung von zwei Solarzellen im wahrsten Sinne des Wortes „auf der Strecke bleiben".

Die in Abb. 3.27 aufgeführten Spannungen der Solarzellen sind nur als Richtwerte zu betrachten, die nicht unter-, wohl aber überschritten werden dürfen. Hier darf jedoch nicht außer Acht gelassen werden, dass die Zenerdiode die überschüssige Spannung in der Form von Leistung in Wärme umwandeln muss. Diese Leistung setzt sich zusammen aus der Spannungsdifferenz zwischen der Solarspannung und der Ladespannung und aus dem Strom des Solarmoduls, der unter optimalen Bedingungen annähernd dem Nennstrom des Moduls entspricht.

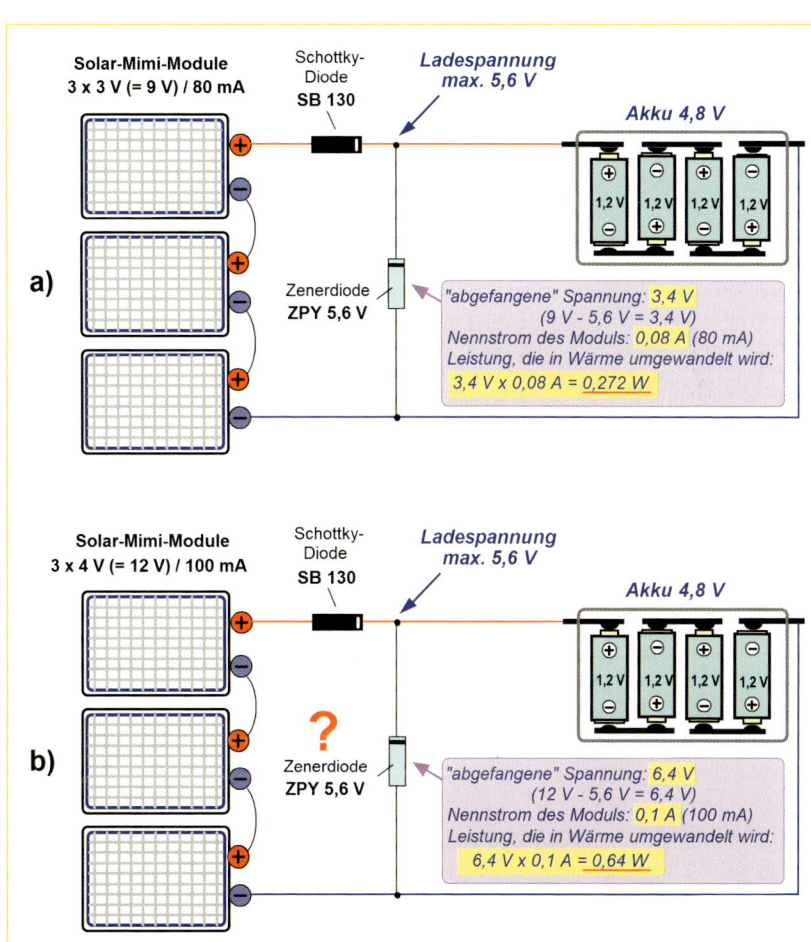

Abb. 3.28 – Berechnung der Zenerdioden-Leistung.

Wenn zwei Zenerdioden in Reihe geschaltet sind, teilen sie sich die Leistung. So können z. B. die zwei in *Abb. 3.27 f* eingezeichneten Zenerdioden *ZPY 4,3 V*, die für eine Leistung von ca. 1,3 Watt pro Diode ausgelegt sind, als eine einzige 2-Watt-Zenerdiode mit einer Zenerspannung von 8,6 V (2 x 4,3 V) betrachtet werden.

3.5 Geregelte Ladung kleiner Akkus

Wir erläutern es mithilfe der zwei Beispiele in *Abb. 3.28:* In dem ersten Beispiel *(Abb. 3.28a)* können wir aus den drei in Reihe geschalteten Solarmodulen eine Nennspannung von 9 Volt und einen Nennstrom von 80 mA (=0,08 A) beziehen. Davon muss die Zenerdiode eine überschüssige Spannung von 3,4 Volt „abfangen", diese als Leistung (in Watt) in Wärme umwandeln und an die Umgebung abgeben. Die Formel für die Berechnung der elektrischen Leistung lautet:

Spannung × Strom = Leistung.

Der Spannungsanteil von 3,4 V, der die Zenerdiode abfangen soll, steht in der Formel für die Spannung. Als „Strom" setzen wir in die Formel den Nennstrom der Module von 0,08 A (80 mA) ein, der als Nennstrom bzw. als maximaler Strom von den Solarmodulen bezogen werden kann. Wir müssen in die Formel den Strom in *Ampere* (nicht *Milliampere*) setzen.

Die berechnete Leistung von 0,272 Watt kann die eingezeichnete Zenerdiode problemlos verkraften, da sie für eine Leistung von 1,3 Watt ausgelegt ist.

Bei dem zweiten Beispiel *(Abb. 3.28 b)* würde die eingezeichnete 1,3-Watt-Zenerdiode die Leistung ebenfalls verkraften. Und was wäre, wenn an ihrer Stelle z. B. eine 0,5-Watt-Zenerdiode (500-mW-Zenerdiode) verwendet würde? Die Zenerdiode würde verbrennen.

Die Funktion einer Spannungsregelung nach *Abb. 3.26* bis *3.28* sollte unbedingt mit einem Voltmeter kontrolliert werden, da manche Zenerdioden eine zu große Toleranzabweichung aufweisen. Spannungsabweichungen nach unten sind nicht kritisch, aber nach oben sollte die Ladespannung maximal ca. 20 bis 22 % mehr betragen, als es der Akku-Nennspannung (bzw. der Nennspannung einer Akku-Kette) entspricht. Da jedoch die Spannungen der Zenerdioden ziemlich grob abgestuft sind, gibt man sich beim Laden auch mit einer etwas niedrigeren Ladespannung zufrieden als der Obergrenze von 120 %.

Wir haben bei den Beispielen in *Abb. 3.27* Zenerdioden eingezeichnet, deren Leistung zwischen 0,25 und 1 Watt liegt.

Die Zenerdiode *ZTE 1,5 V (0,25 W)* aus *Abb. 3.27 a* eignet sich nur für einen Solar-Ladestrom, der bei einem 1,8-Volt-Solar-Minimodul (bzw. bei einem *Solargenerator*, der aus einzelnen Solarzellen zusammengestellt wird) ca. 0,5 Ampere nicht überschreiten sollte – was in der Praxis für das Nachladen kleinerer Akkus ohnehin kaum infrage kommt. Die Zenerdiode *ZPD 2,7 V* ist für eine Leistung von 0,5 W, alle weiteren Zenerdioden sind für eine Leistung von 1 bis 1,3 W ausgelegt.

Ordnungshalber dürfte noch darauf hingewiesen werden, dass wir bei unseren vorhergehenden Beispielen den Spannungsverlust (von ca. 0,3 V) an der Schottky-Diode nicht berücksichtigt haben. Genau genommen haben wir noch viel mehr außer Acht gelassen. Darunter z. B. den Spielraum, bei dem ein Solarmodul, das eine Toleranz von ±10 % aufweist, theoretisch auch Nennwerte liefern kann, die 10 % höher sind, als angenommen wird. Da wir aber ohnehin die Leistung der angewendeten Zenerdiode grundsätzlich großzügiger wählen sollten, als es rechnerisch erforderlich wäre, dürften kleinere Abweichungen bei der Dimensionierung in Kauf genommen werden.

Wie schön sich solche Hinweise auch lesen lassen – sobald es auf die praktische Ausführung ankommt, tauchen Stolpersteine auf. Schon das eigentliche Testen der Laderegelung kann sich als schwierig erweisen, wenn zu dem erforderlichen Zeitpunkt die Sonne streikt. In dem Fall gibt es zwei Möglichkeiten: Entweder können die Solarmodule mit normalen Glühbirnen bzw. Halogenlampen ausgeleuchtet werden oder man kann die Laderegelung mithilfe einer einstellbaren Selbstbau-Spannungsregelung nach *Abb. 3.29/30* am Tisch perfekt austüfteln und einstellen.

Die Lösung mit einer Spannungsregelung erleichtert nicht nur das eigentliche Austesten und Konfigurieren der Funktion der Spannungsregelung, sondern kann auch zeigen, wie hoch die Solarspannung als Ladespannung für die verwendeten Akkus optimal

sein sollte. Wie wir bereits in Kap. 3.4 erläutert haben, ist es möglich, dass der Nennstrom der vorgesehenen Solarmodule nicht ausreichend als Ladestrom genutzt werden kann, wenn die Solarspannung zu niedrig dimensioniert wurde. Mit anderen Worten: Oft ist es kostengünstiger, wenn die Nennspannung der Solarmodule eher etwas höher und der Modul-Nennstrom etwas niedriger gewählt werden als umgekehrt. Anstonsten kann es leicht

passieren, dass z. B. ein 500-mA-Solarmodul auch bei optimalem Sonnenschein höchstens einen Ladestrom von 300 mA liefert. In diesem Fall ist es sinnvoller (und kostengünstiger), wenn man sich gleich mit einem Solarmodul zufriedengibt, das nur für einen Nennstrom von 300 mA ausgelegt ist. Hier können dann z. B. zwei zusätzliche gekapselte Solarzellen zum besseren Laden mehr beitragen als ein Solarmodul, das in Hin-

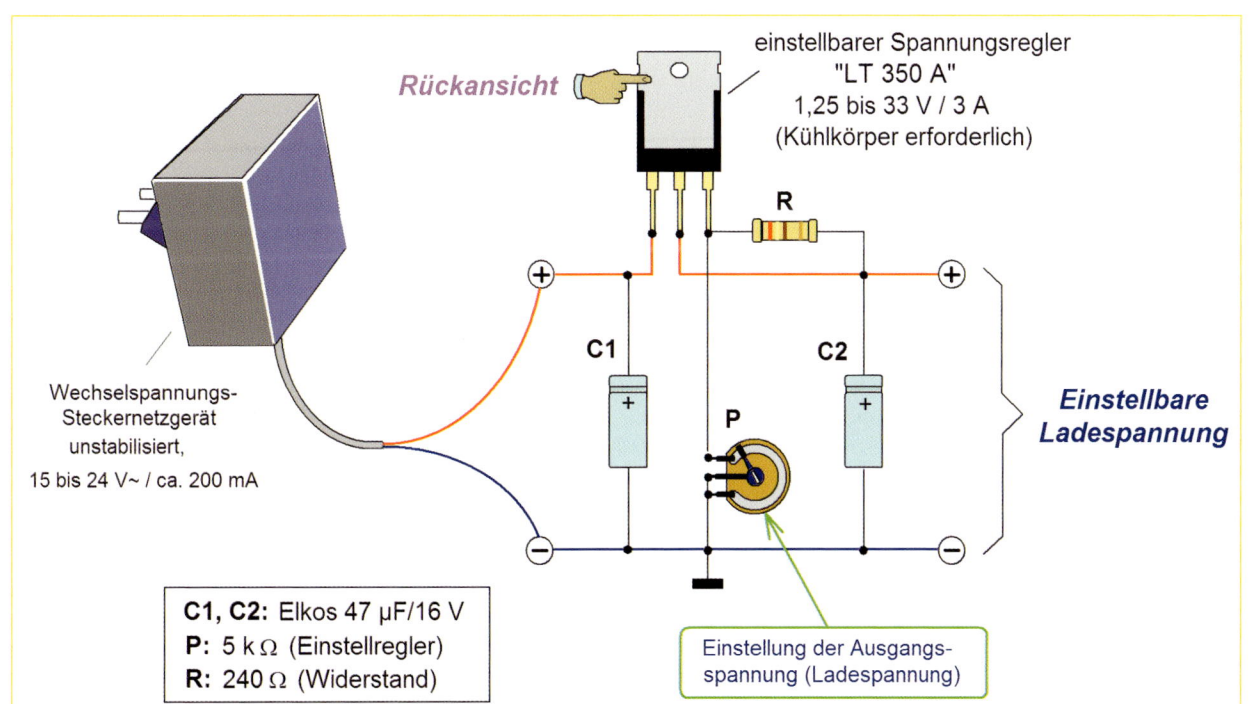

C1, C2: Elkos 47 µF/16 V
P: 5 kΩ (Einstellregler)
R: 240 Ω (Widerstand)

Abb. 3.29 – Beispiel einer einfachen Selbstbau-Spannungsregelung, die ihre Versorgungsgleichspannung von einem Netzgerät bezieht.

3.5 Geregelte Ladung kleiner Akkus

sicht auf seinen Nennstrom nachvollziehbar überdimensioniert ist.

Abgesehen davon eignet sich eine einstellbare Spannungsregelung *(Abb. 3.29)* für die Kontrolle der Funktion einer Regelung der Ladespannung, die nach *Abb. 3.27/3.28* mithilfe von Zenerdioden erstellt wurde. Um z. B. zu prüfen, bei welcher Spannung eine Zenerdiode – oder auch zwei Zenerdioden in Reihe – die Schwelle ihrer tatsächlichen Spannungssperre haben, können Sie folgendermaßen vorgehen:

Sie erstellen zu diesem Zweck eine einfache, provisorische Hilfsschaltung nach *Abb. 3.31*, löten anschließend die getestete Zenerdiode oder das getestete Zenerdioden-Duo *nach Abb. 3.31b* in die Schaltung ein und erhöhen dann langsam mit dem Potenziometer **P** die Spannung. Sobald die Ausgangsspannung des Spannungsreglers die Sperrschwelle der Zenerspannung erreicht, wirkt sich eine weitere Erhöhung der Spannung mit Potenziometer **P** nicht mehr auf eine weitere Erhöhung der Spannung an der Zenerdiode – und so-

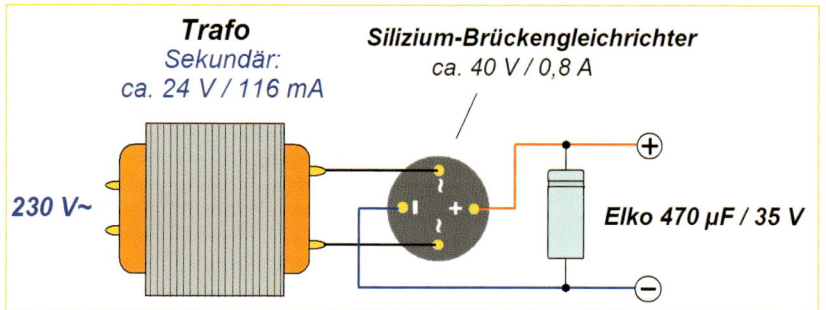

Abb. 3.30 – Beispiel eines einfachen, kostengünstigen Selbstbau-Netzgeräts 24 V/116 mA für den Spannungsregler aus *Abb. 3.29*.

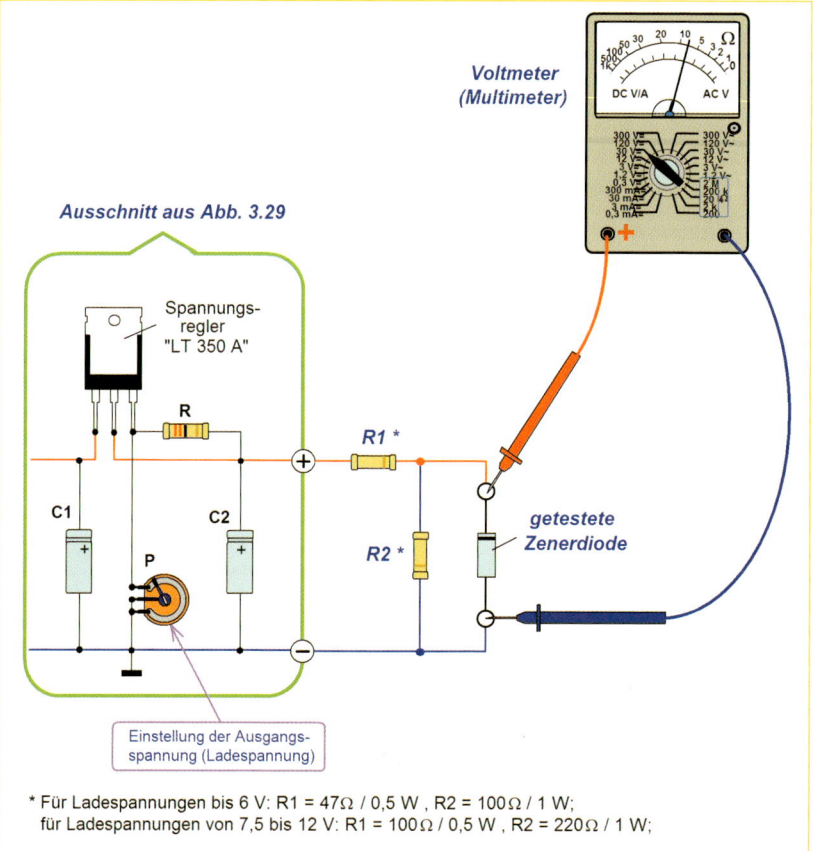

Abb. 3.31 – Überprüfung der Zenerdioden-Funktionsweise mit einem Netzgerät.

* Für Ladespannungen bis 6 V: R1 = 47 Ω / 0,5 W , R2 = 100 Ω / 1 W;
  für Ladespannungen von 7,5 bis 12 V: R1 = 100 Ω / 0,5 W , R2 = 220 Ω / 1 W;

3.5 Geregelte Ladung kleiner Akkus

mit der Ladespannung – aus. Diese bleibt auf der Schwelle, der „Kreuzung" zwischen dem Weg zum geladenen Akku und dem Weg zu der Kathode der Zenerdiode in Richtung Minus-Pol (Masse) der Schaltung weiterhin konstant. Allerdings muss die Zenerdiode die überschüssige Spannung „abfangen", als Leistung in Wärme umwandeln und diese an ihre Umgebung abgeben.

Wir wissen inzwischen, dass diese Leistung von der überschüssigen Spannung (Solarspannung minus Zenerspannung) und dem Strom abhängt, den das Solarmodul zu dem Zeitpunkt liefert *(Spannung mal Strom gleich Leistung)*. Aus diesem Grund sollten Sie bei dieser experimentellen Schaltung den Potenziometer **P** nicht übertrieben hoch aufdrehen, denn dadurch könnten Sie die Zenerdiode eventuell vernichten. Kontrollieren Sie bitte daher einfach mit den Fingern, ob sich die Zenerdiode oder auch einer der Widerstände nicht zu sehr aufheizen. Es genügt, wenn Sie die Schwelle der maximalen Ladespannung finden, diese ein klein wenig überschreiten und somit auch prüfen, ob die tatsächliche Zenerspannung der angewendeten Zenerdiode nicht zu sehr von dem angegebenen Wert abweicht. Darunter ist zu verstehen, dass die Zenerdiode an die geladenen Akkus höchstens eine Ladespannung durchlassen darf, die in *Abb. 3.27/3.34* bei der jeweils entsprechenden Anzahl der eingezeichneten NiMH-Akkus aufgeführt ist.

Das Selbstbau-Netzgerät aus *Abb. 3.29/3.30* ist vor allem für Tüftler gedacht, die es auch anderweitig verwenden können oder einfach Spaß an solchen Experimenten haben. Ansonsten kann für den Test der Zenerdiode als Spannungsquelle auch nur das vorgesehene Solarmodul nach *Abb. 3.32* verwendet werden. Die Regelung der Modul-Ausgangsspannung erfolgt dann einfach dadurch, dass das Modul langsam zur Sonne (oder zu einer Tischlampe) gedreht wird.

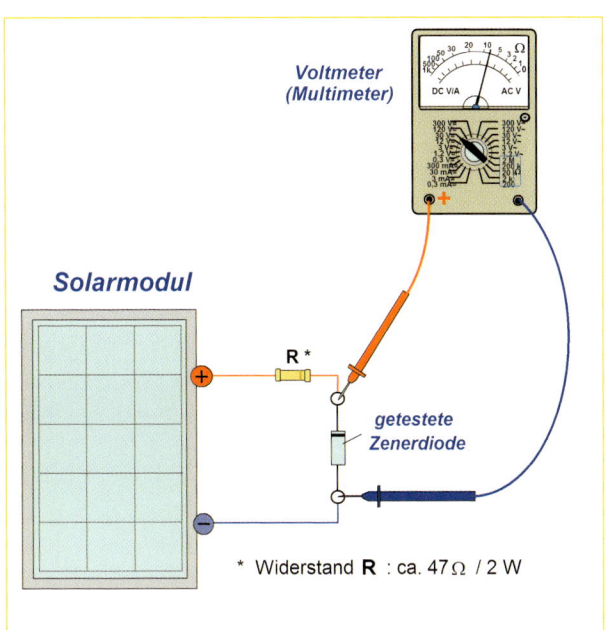

Abb. 3.32 – Überprüfung der Zenerdioden-Funktionsweise mit dem Solarmodul, das für das solarelektrische Laden verwendet wird.

Gut zu wissen

Solarmodule lieben zwar Licht, nicht aber die Wärme, die die Sonne spendet. Ihre Leistung und Spannung sinken nach *Abb. 3.33* unter ihre offiziellen Nennwerte, wenn sie voll belastet und zusätzlich von der Sonne aufgeheizt werden. Die offiziellen Nennwerte, auf denen die Daten der Solarmodule laut internationaler Testbedingungen beruhen, beziehen sich auf eine Temperatur (von 25 °C), die ein Solarmodul unter normalen Umständen nicht hat. Sobald seine Solarzellen belastet werden, steigt ihre Innentemperatur – je nach der Belastung und Kühlung leicht auf z. B. 50 °C oder mehr –, was auch von der jeweiligen Außentemperatur abhängt.

85

3.5 Geregelte Ladung kleiner Akkus

Solarmodule, die für das Nachladen von Akkus verwendet werden, wärmen sich allerdings nicht so oft und nicht so kräftig auf wie solche, an die z. B. ein Verbraucher angeschlossen ist, der von ihnen laufend den maximalen Strom und die maximale Leistung bezieht. Wenn ein gut dimensioniertes Solarmodul einen Akku quasi laufend nachlädt, liegt die Akkuspannung nur ausnahmsweise so tief, dass er vom Solarmodul vorübergehend einen vollen Ladestrom und eine volle Leistung bezieht. Während des Nachladens des Akkus steigt gleitend seine Spannung, demzufolge sinkt der vom Solarmodul bezogene Ladestrom entsprechend gleitend. Das Solarmodul wird daher als Ladestromquelle nur relativ selten (= nur nach länger andauernden regnerischen Tagen) voll beansprucht.

Wird das Solarmodul weniger belastet, als es seiner Nennleistung entspricht, steigt seine Spannung in den Bereich, der zwischen seiner **Nennspannung** und seiner **Leerlaufspannung** liegt. Beträgt z. B. die *Modul-Nennspannung* (Spannung bei maximaler Leistung) 17,2 Volt und die *Modul-Leerlaufspannung* 20,8 Volt, steigt die Spannung eines wenig belasteten Moduls beispielsweise auf 18 bis 19 Volt. So kann das Modul einen Akku in der Endphase des Ladens – in der die Stromabnahme gering ist – dank der Erhöhung der Ladespannung etwas kräftiger laden. Das Gleiche gilt auch für das Nachladen bei leicht bewölktem Himmel, bei dem eine *wenig belastete* Solarzelle oft noch eine brauchbare Ladespannung erzeugt und somit zwar einen niedrigen, aber dennoch brauchbaren Ladestrom liefern kann.

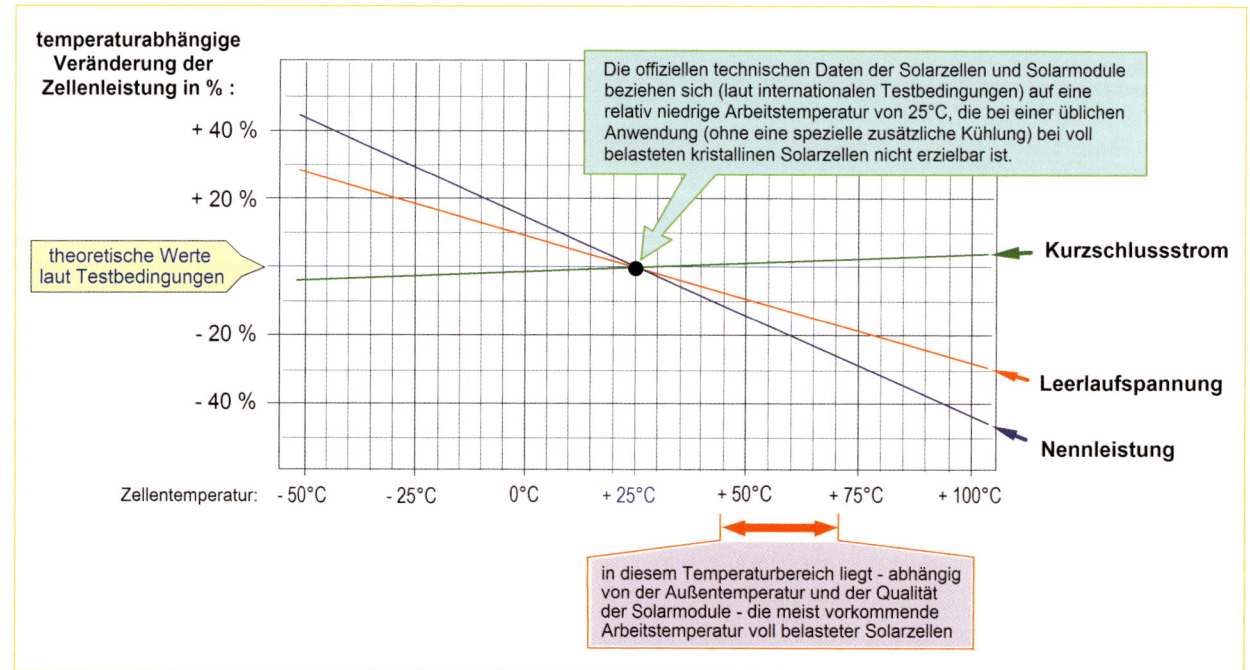

Abb. 3.33 – Die vom Solarmodul bezogene Spannung und Leistung sinken mit zunehmender Temperatur der Solarzellen.

3.6 Tipps und Tricks zur optimalen Einstellung der Ladespannung

In *Abb. 3.27* haben wir uns bei den Vorschlägen zur Regelung der Ladespannung nur nach den eigentlichen Nennwerten der Zenerdioden gerichtet, um die Erklärung durchschaubar zu halten. Aus dem Grund gehen wir hier von theoretischen Zenerspannungen der angewendeten Zenerdioden aus. In Wirklichkeit weichen diese Spannungen durch die Toleranzabweichungen der Zenerdioden von diesen Vorgaben etwas bis zu sehr ab. Kritisch sind dabei Abweichungen nach oben, die zur Folge haben könnten, dass die geladenen Akkus eine Ladespannung erhalten, die höher liegt, als in *Abb. 3.27* und *3.34* aufgeführt ist – was die Lebenserwartung der Akkus beeinträchtigen würde.

Bei der Einstellung der optimalen Ladespannung können wir einige der in *Abb. 3.34* aufgeführten technischen Tricks anwenden. Dabei kann von folgenden Eigenschaften der Dioden ausgegangen werden:

- Der Spannungsverlust an den meisten Schottky- und Germaniumdioden liegt bei ca. 0,28 bis 0,3 Volt.

- Der Spannungsverlust an Siliziumdioden liegt typenbezogen zwischen ca. 0,6 und 1 Volt.

Wie *Abb. 3.35* zeigt, kann in Reihe mit einer Zenerdiode z. B. eine Schottky-Diode oder eine normale Siliziumdiode (Gleichrichterdiode) geschaltet werden, wenn eine etwas höhere Ladespannung erforderlich ist, die sich in dem Fall um die Sperrspannung der zusätzlichen Diode erhöht. Wie aus diesen Beispielen hervorgeht, werden solche zusätzlichen Dioden in ihrer *Durchlassrichtung* an die Zenerdiode angeschlossen. Die Zenerdiode fungiert dagegen als Spannungswehr nur, wenn sie in ihrer Sperrrichtung (in Gegenrichtung) angeschlossen ist.

Für das Laden kleinerer 12-Volt-Bleiakkus gibt es ein kleines Laderegler-IC, das für den Selbstbau von einer Solar-Laderegelung mit einem Ladestrom unter 1,5 A vorgesehen ist. Diese Schaltung, die wir bereits in *Abb. 3.27h* eingezeichnet haben, zeigt hier in größerem Format *Abb. 3.36*. Die eingezeichneten Kapazitäten der Elkos dürfen auch größer sein. Die Eingangsspannung des Laderegler ICs darf maximal 40 Volt betragen.

3.6 Tipps und Tricks zur optimalen Einstellung der Ladespannung

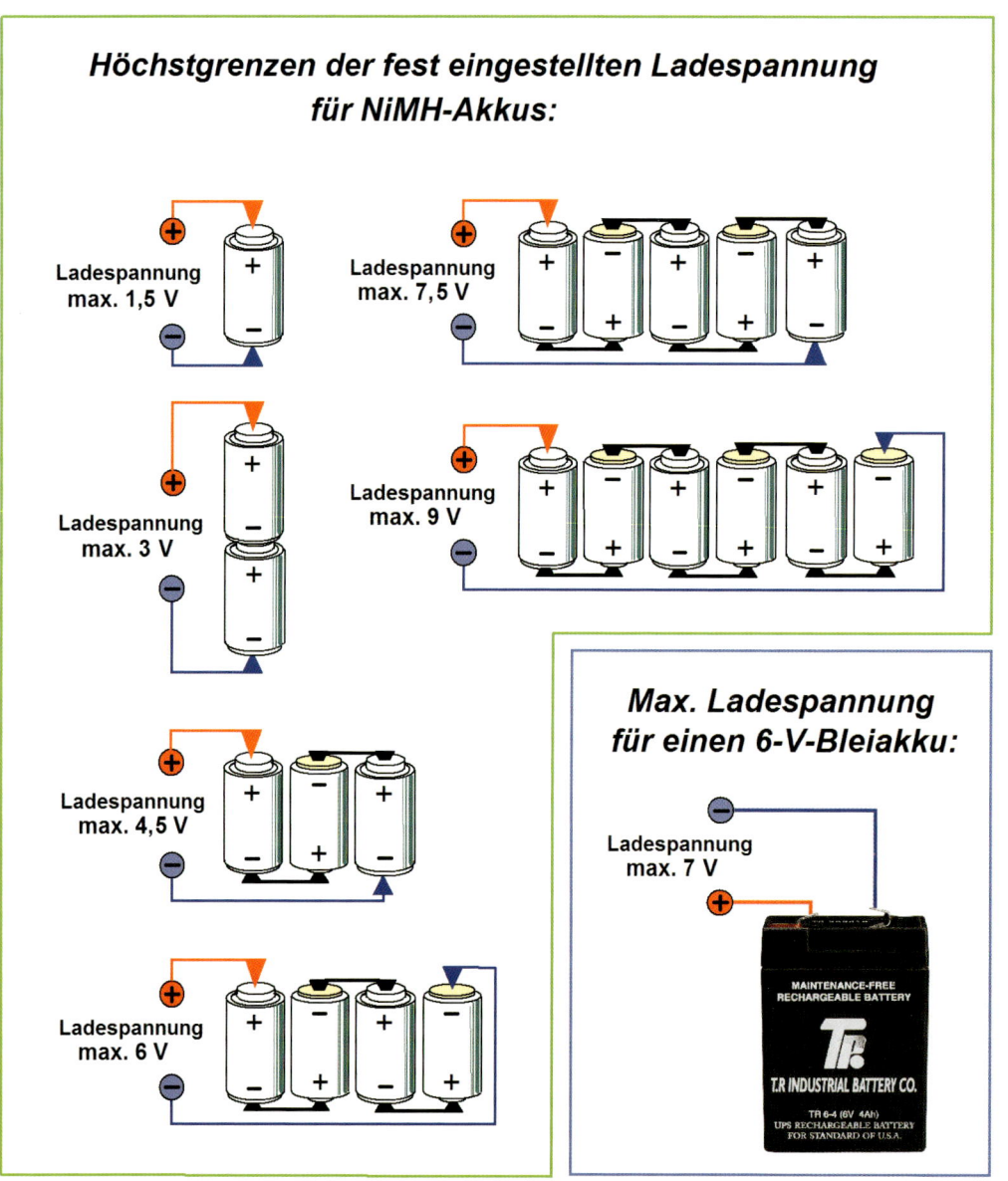

Höchstgrenzen der fest eingestellten Ladespannung für NiMH-Akkus:

Ladespannung max. 1,5 V

Ladespannung max. 3 V

Ladespannung max. 4,5 V

Ladespannung max. 6 V

Ladespannung max. 7,5 V

Ladespannung max. 9 V

Max. Ladespannung für einen 6-V-Bleiakku:

Ladespannung max. 7 V

MAINTENANCE-FREE RECHARGEABLE BATTERY

T.R INDUSTRIAL BATTERY CO.

TR 6-4 (6V 4Ah)
UPS RECHARGEABLE BATTERY
FOR STANDARD OF U.S.A.

Abb. 3.34 – Kurzübersicht der Höchstgrenzen der Ladespannung für NiMH-Akkus und für einen Bleiakku: Bei einer Selbstbau Laderegelung mit Zenerdioden sollten diese Spannungswerte nicht überschritten werden.

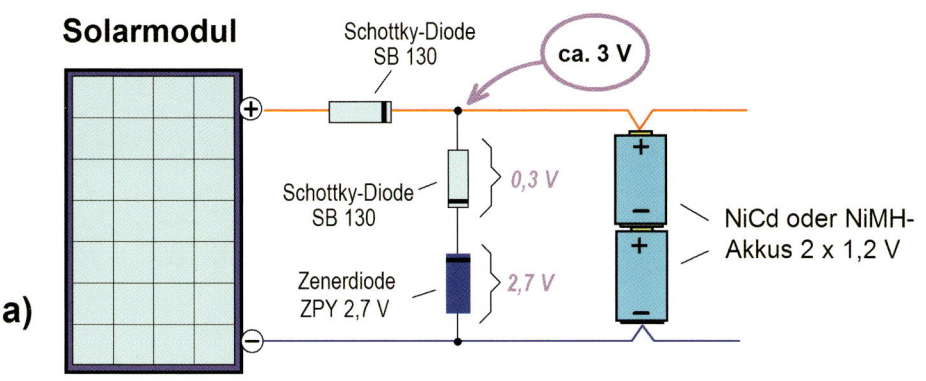

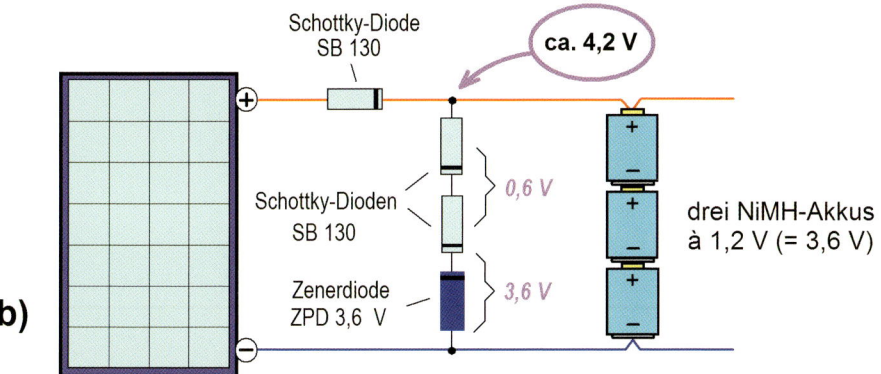

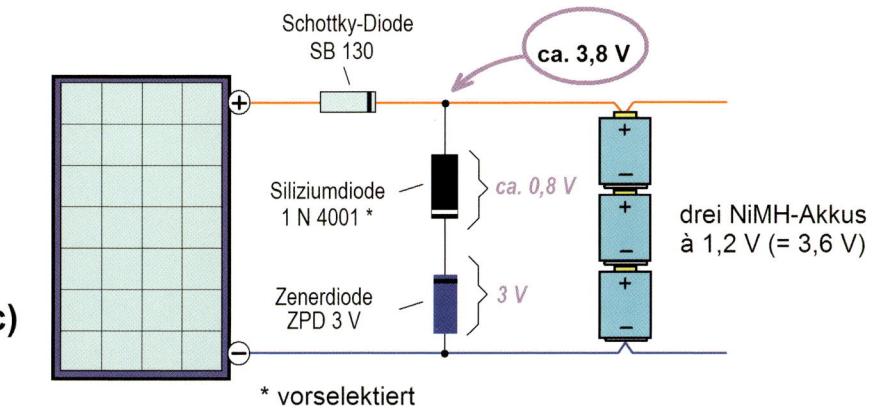

Abb. 3.35 – Einige Tricks zur optimalen Einstellung der Ladespannung.

3.6 Tipps und Tricks zur optimalen Einstellung der Ladespannung

Für 4- oder 6-Volt-Bleiakkus gibt es keine handelsüblichen Laderegler. Eine einfache, aber dennoch gut funktionierende Laderegelung kann jedoch leicht im Selbstbau nach den Beispielen aus *Abb. 3.37* bewerkstelligt werden. Die hier eingezeichneten Zenerdioden eignen sich in Hinsicht auf ihre relativ niedrige Leistung nur für die Spannungsregelung von kleineren Solarmodulen – wie bereits im vorhergehenden Kapitel erläutert wurde.

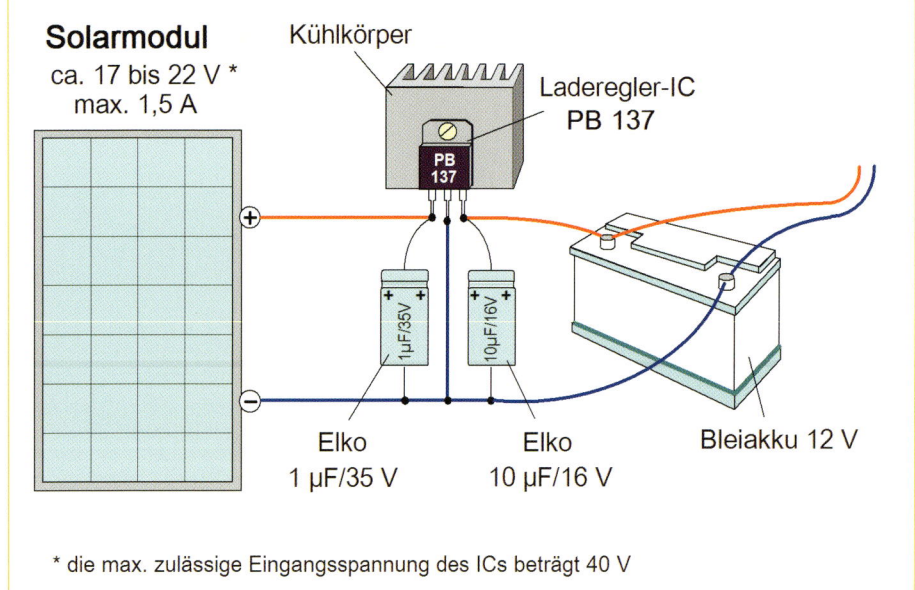

Abb. 3.36 – Das Solar-Laderegler-IC *PB 137* sieht wie ein normaler Spannungsregler aus und wird auch auf eine ähnliche Weise verschaltet (Anbieter: Conrad Electronic).

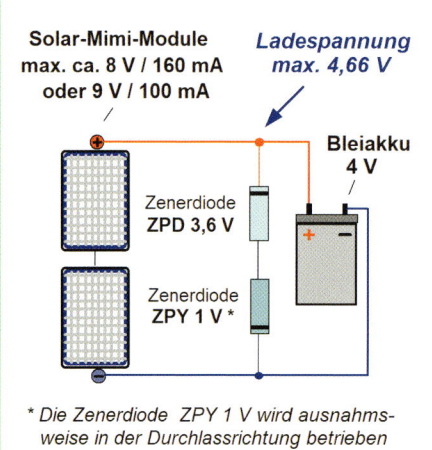

Abb. 3.37 – Zwei Beispiele einer Selbstbau-Ladespannungsregelung mit Zenerdioden für kleinere Bleiakkus

4 Bauanleitungen

4 Bauanleitungen

In den nun folgenden Bauanleitungen werden Sie viele Vorschläge finden, die sich zwar auf konkrete Anwendungen beziehen, aber nicht an sie gebunden sind. Da wir bereits viele Themen mit praxisbezogenen Hinweisen durchflochten haben, wird es Ihnen nicht schwerfallen, eine Bauanleitung etwas umzugestalten und an Ihre Bedürfnisse anzupassen.

Das Angebot an Leuchtdioden und LED-Leuchten ist groß und Sie werden sich bei vielen Vorhaben vor allem nach dem Preis-Leistungs-Verhältnis dieser Bausteine richten. Für einige Anliegen werden sich am ehesten kahle Leuchtdioden eignen, die Sie sich zu gewünschten Lichtquellen einfach zusammenlöten. Für andere Anliegen werden Sie vielleicht kompakte LED-Leuchten bevorzugen.

Die Frage der passenden Versorgungsspannung wird sich dort erübrigen, wo z. B. bereits eine kleine Solaranlage vorhanden ist, an die nur noch eine zusätzliche LED-Beleuchtung angeschlossen werden soll. Bei völlig neuen Projekten dürfte es vorteilhaft sein, wenn die Versorgungsspannung möglichst niedrig gehalten werden kann, denn das solarelektrische Laden kann dann z. B. mit kleinen, kostengünstigen Mini-Solarmodulen vorgenommen werden.

Ist jedoch eine solche Beleuchtung für Objekte vorgesehen, bei denen der Solarstrom möglicherweise auch noch für andere Zwecke benötigt werden könnte, dürfte z. B. bevorzugt eine 12-Volt-Versorgungsspannung als *Anlagenspannung* eingeplant werden.

Abb. 4.1 – Die Anschlüsse (Füßchen) der LEDs dürfen bei Bedarf zwar bis zu etwa um die Hälfte gekürzt werden, aber das Löten setzt dann eine angemessene Portion an Erfahrung voraus, denn die LED darf sich dabei nicht zu sehr aufwärmen (Detailansicht der Rückseite des LED-Mosaiks aus Abb. 2.16 auf S. 35)

4.1 Einfache Selbstbauleuchten mit LEDs

Kahle Leuchtdioden können für einfache Beleuchtungen zu beliebig angeordneten und freihängenden Lichterketten nach *Abb. 4.2/4.3* zusammengelötet und an der Decke bzw. am oberen Teil eines Objektes befestigt werden. Eleganter sieht allerdings eine solche Beleuchtung aus, wenn die LEDs z. B. nach *Abb. 4.4* in Bohrungen hineingesetzt werden, die sich leicht in eine ca. 2 mm dünne Plexiglas- oder Kunststoff-Platte hineinbohren lassen.

Für einfachere Anforderungen kann anstelle einer solchen Platte ein passender Kunststoffdeckel oder eine -kappe eines ausgedienten Haushaltsgegenstands verwendet werden. Die eigentliche Konfiguration der Bohrungen kann dabei der individuellen Fantasie überlassen werden. Einige Beispiele, die eventuell als Inspiration dienen können, zeigt *Abb. 4.5*. Die Anzahl der Bohrungen – und somit die Anzahl der vorgesehenen LEDs – hängt von den Ansprüchen an die Qualität der

Beleuchtung sowie der typenbezogenen Lichtstärke der angewendeten LEDs ab.

Wenn die Bohrungen exakt auf den Durchmesser der angewendeten LEDs angepasst sind, genügen zwei Tröpfchen Leim an den oberen LED-Rand, um den LEDs einen festen Halt zu geben. Es sollte sich dabei tatsächlich nur um zwei kleine Tröpfchen eines nicht allzu hart werdenden Leims handeln. Gut eignet sich zu diesem Zweck auch Fugensilikon. Die LEDs sollten nur so befestigt werden, dass sie sich bei Bedarf leicht herausnehmen lassen.

Bei der Suche nach den optimalen LEDs sollten die Abstrahlwinkel berücksichtigt werden. Erstellen Sie eventuell eine einfache, aber maßgerechte Skizze des Objektes oder der Fläche, die ausgewogen beleuchtet werden soll. Zeichnen Sie nun die Lichtkegel der LEDs ein, wie es unsere zwei Beispiele in *Abb. 4.6* zeigen. Bei einer Beleuchtung, die nach unserem Beispiel aus *Abb.*

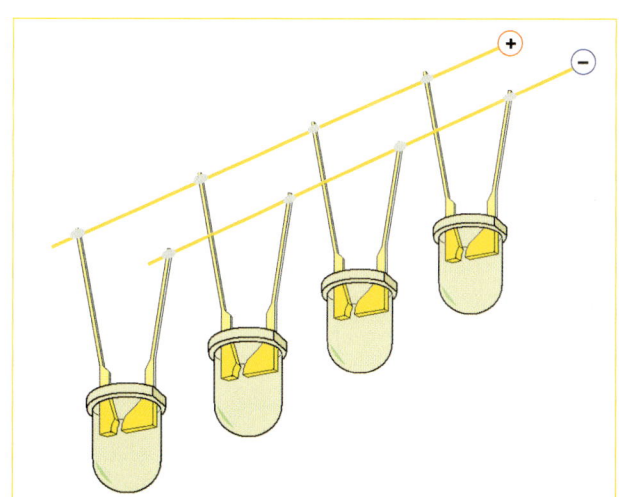

Abb. 4.2 – Die einfachste Lösung einer LED-Beleuchtung: Die einzelnen LEDs werden parallel an eine gemeinsame Spannungszuleitung angeschlossen (angelötet).

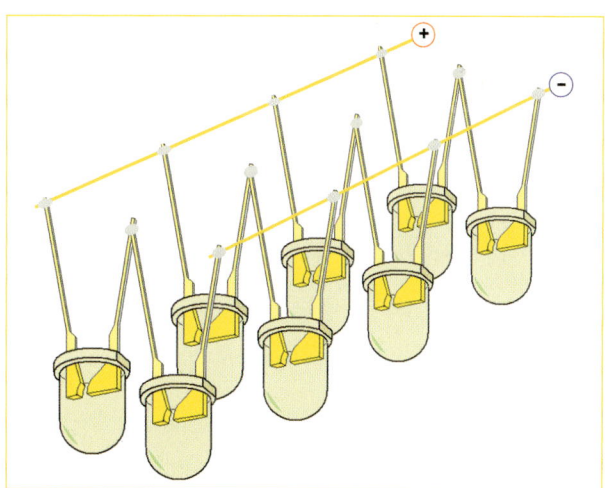

Abb. 4.3 – Alternativ zu der vorhergehenden Lösung aus *Abb. 4.2* können auch jeweils zwei oder mehrere LEDs in Reihe an eine gemeinsame Spannungszuleitung angeschlossen werden.

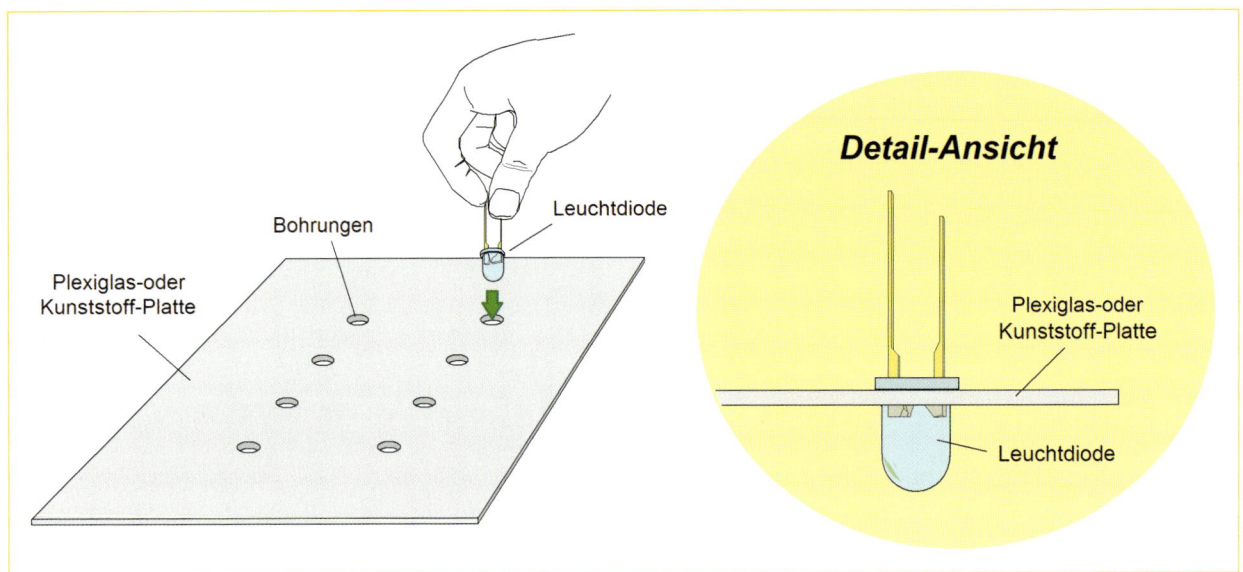

Abb. 4.4 – Runde LEDs können in Bohrungen hineingesetzt werden, die sich leicht in eine ca. 2 mm dünne Plexiglas- oder Kunststoffplatte – z. B. nach einem der Beispiele aus Abb. 4.4 – einbohren lassen.

4.6 a ausgelegt wird, bestrahlen die LEDs nur den Fußboden in der Mitte des Raumes. Die Wände und alles, was sich auf den Wänden befindet, bleiben dabei weitgehend im Dunkeln. Werden für eine solche Beleuchtung LEDs mit einem größeren Abstrahlwinkel nach *Abb. 4.6 b* verwendet, leuchten sie auch die

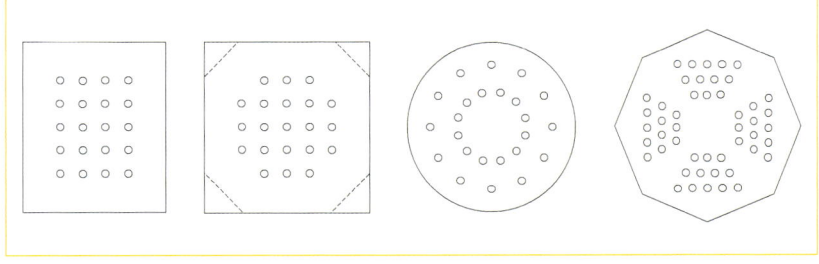

Abb. 4.5 – Einige Beispiele der LED-Anordnung in einer Selbstbauleuchte.

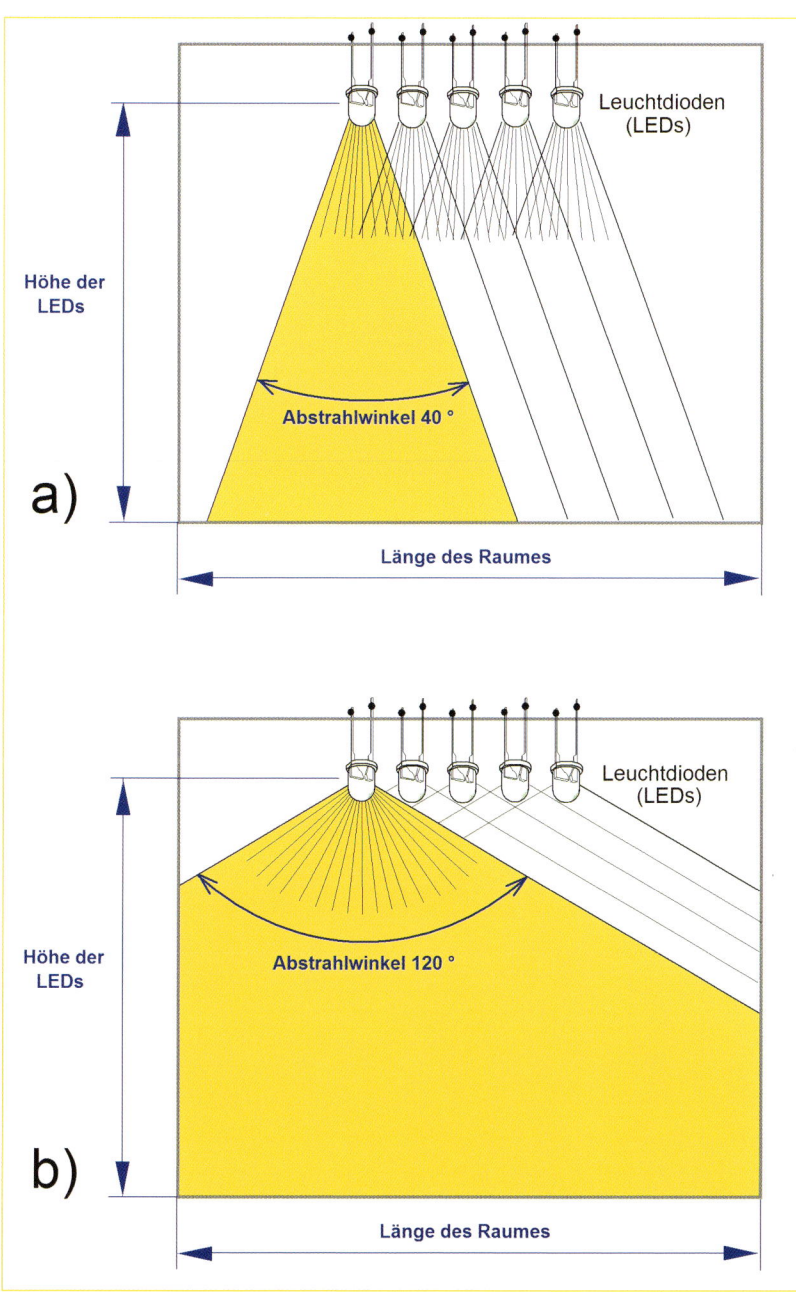

Wände des Raums aus – allerdings um den Preis einer schwächeren allgemeinen Lichtintensität.

Es spricht nichts dagegen, bei Bedarf mehrere LED-Leuchten im Raum so zu verteilen, wie es den Anforderungen an die Ausleuchtung am besten entspricht. Dabei können einige Leuchten auch z. B. wie Scheinwerfer schräg ausgerichtet werden, um ihre Lichtkegel dorthin zu werfen, wo es erwünscht ist.

Wir haben bereits im 2. Kapitel einige der größeren SMD-Leuchtdioden angesprochen, die erprobt groß genug sind, um mit einem normalen Lötkolben gelötet werden zu können. Aus solchen LEDs kann man schicke Leuchten, Hintergrundbeleuchtungen z. B. für Hausnummern und Namensschilder oder aber leuchtende Weihnachts- oder Partydekoration und Blickfänger aller Art herstellen.

Die LEDs aus *Abb. 4.7*, die bereits in *Tabelle 2/Kapitel 2* beschrieben wurden, verfügen über mehre-

95

Abb. 4.6 – Zwei Beispiele der Beleuchtung eines Raums mit LEDs: **a)** LEDs mit einem schmalen Abstrahlwinkel leuchten zwar in Grenzen ihrer Lichtkegel kräftig, aber erfassen dabei nur eine kleinere Fläche. **b)** LEDs mit einem breiten Abstrahlwinkel leuchten den Raum besser aus, aber die Lichtintensität pro cm² Fläche ist dadurch geringer.

4.1 Einfache Selbstbauleuchten mit LEDs

re Anschlüsse. Bei dieser LED-Type eignen sich für das Anlöten von Anschlüssen am besten die zwei breiten Flächen an der LED-Unterseite. Als Anschlüsse können z. B. nach Abb. 4.8 zwei dünne (abisolierte) Kupferdrähte verwendet werden.

Das Anlöten der Zuleitungen der Spannungsversorgung kann in folgenden Schritten erfolgen:

Schritt 1 – Verzinnen der LED-Anschlüsse

Verzinnen Sie erst vorsichtig die LED-Kontaktflächen. Achten Sie dabei darauf, dass sich bei dem Anbringen des Lötzinns die LED nicht zu sehr aufheizt. Die Spitze des Lötkolbens sollte dabei jeweils nur etwa zwei Sekunden lang einen wärmeleitenden Kontakt mit dem LED-Anschlusspol aufrecht halten.

Schritt 2 – Verzinnen der Anschlussdrähte

Verzinnen Sie die Enden der Anschlussdrähte erst separat. Das erleichtert und beschleunigt das Anlöten der Drähte an die Kontaktflächen der LEDs.

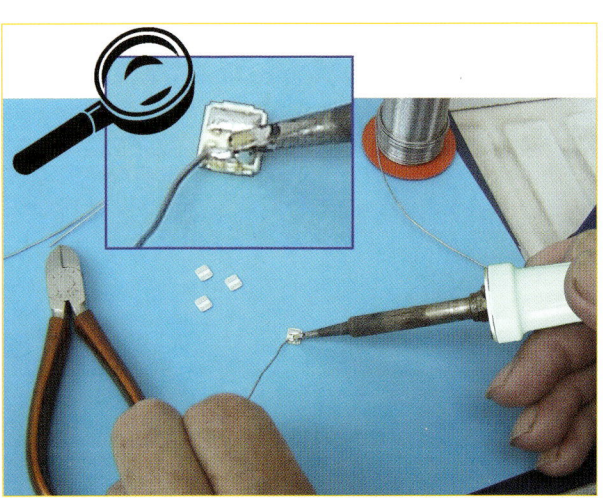

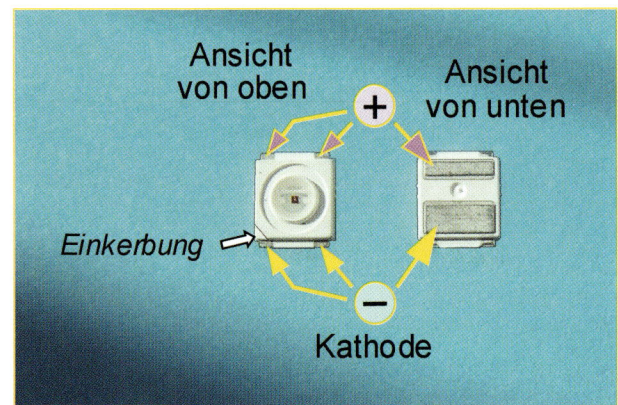

Abb. 4.7 – Ausführung und Anschlüsse der SMD-Megabright-LED (Anbieter Reichelt Elektronik).

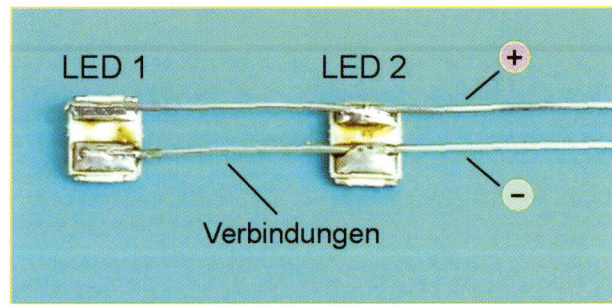

Abb. 4.8 – Die Anschlüsse können bei diesen LEDs an die Kontaktflächen an ihrer Unterseite angelötet werden.

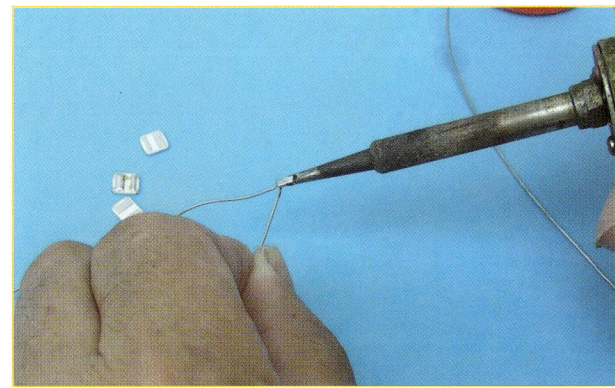

4.1 Einfache Selbstbauleuchten mit LEDs

Schritt 3 – Anlöten der Anschlüsse

Löten Sie die Anschlussdrähte an die bereits verzinnten LED-Kontaktflächen. Versuchen Sie, jeden der Anschlüsse innerhalb von ca. 2 Sekunden anzulöten. Ist das Ergebnis nicht zufriedenstellend, lassen Sie die LED erst etwas abkühlen, bevor Sie die Lötstelle durch Zugabe von Lötzinn ausbessern.

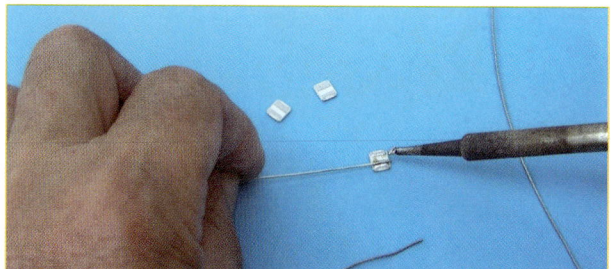

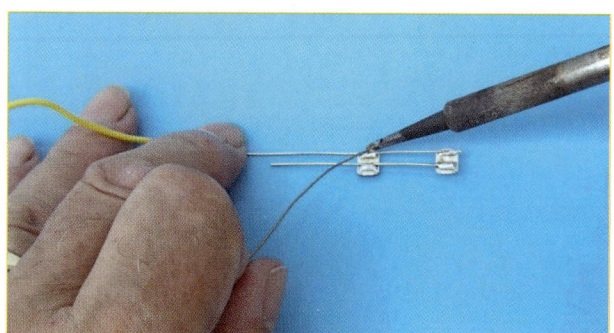

Auf eine ähnliche Weise – und mit ähnlich viel Geduld – können Sie auch auf diverse andere SMD-LEDs die Anschlüsse anbringen. Sie können solche winzigen LEDs auch direkt auf die Kupferbahnen von Experimentierplatinen anlöten.

In Bezug auf das Verlöten sind *High-Power-LEDs* ein wahrer Segen, denn sie haben „menschenfreundlichere" Abmessungen. Am attraktivsten sind die hexagonal geformten *Luxeon-LEDs* (Anbieter Conrad Electronic und Reichelt Elektronik), die für Leistungen von 1, 3 und 5 W erhältlich sind. Diese LEDs können z. B. nach *Abb. 4.9* in verschiedenen Konfigurationen auf eine gemeinsame Trageplatte angebracht werden. Diese LEDs heizen sich im Betrieb ziemlich stark auf und sind daher mit einer Kühlkörperplatine versehen.

Wird z. B. eine Selbstbauleuchte mit drei dieser LEDs in 3-Watt-Ausführung bestückt, beträgt ihr Lichtstrom ca. 3 x 65 bis 3 x 80 Lumen = 195 bis 240 Lumen (lm). Zum Vergleich: Der Lichtstrom einer *25-Watt*-Standard-Glühlampe beträgt 230 Lumen.

Wird eine Selbstbauleuchte mit sieben dieser 3-Watt-LEDs bestückt, beträgt ihr Lichtstrom ca. 455 bis 560 Lumen. Zum Vergleich: der Lichtstrom einer *40-Watt*-Standard-Glühlampe beträgt 430 Lumen.

Der eigentliche kleine hexagonale Kühlkörper heizt sich ziemlich stark auf, wenn die Leuchte zu hoch an

4.1 Einfache Selbstbauleuchten mit LEDs

der Raumdecke angebracht ist oder wenn sie aus anderen Gründen – z. B. bei einer geschlossenen Leuchtenform – nicht ausreichend gekühlt wird. Daher ist es von Vorteil, wenn die kleinen hexagonalen Kühlkörper zusätzlich an eine massive Kühlplatte wärmeleitend montiert werden. Als Kühlplatte eignet sich z. B. ein ca. 2 bis 3 mm dickes Messing-, Alu- oder Kupferblech oder ein U-Profil.

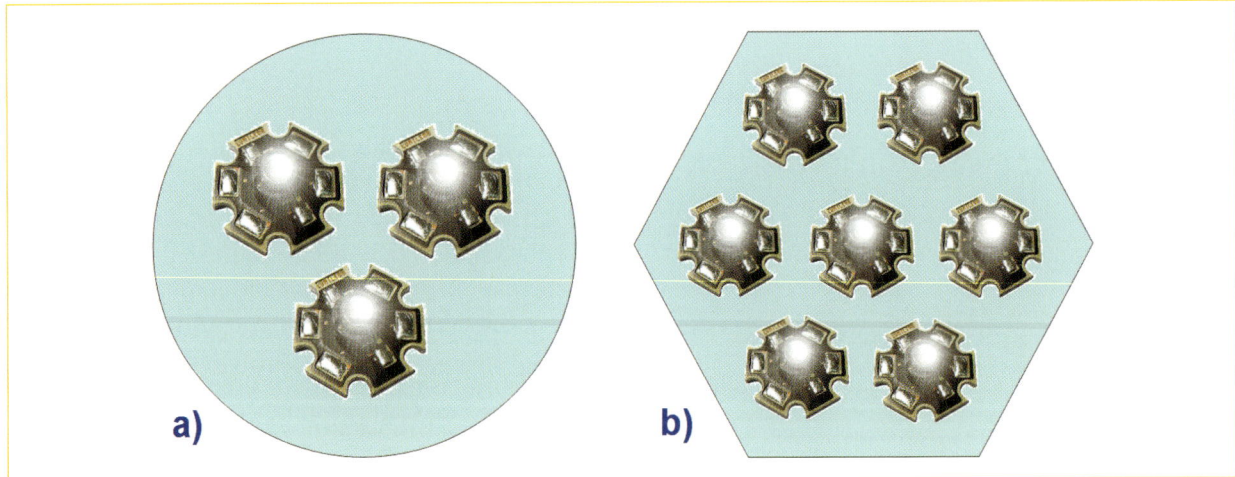

Abb. 4.9 – Mit den „Luxeon-Star-LEDs", deren Kühlkörper eine attraktive hexagonale Form haben, können dekorative Selbstbauleuchten erstellt werden: a) Eine Leuchte mit drei LEDs. b) Eine Leuchte mit sieben LEDs.

4.2 Beleuchtung kleinerer Objekte

Die Ansprüche an die Beleuchtung eines kleineren Objekts – z. B. eines Garten-Gerätehauses, Gartenpavillons oder Carports – hängt sowohl von der Größe des Objekts als auch von den Ansprüchen an die Intensität der Beleuchtung ab.

Im einfachsten Fall genügt es, wenn die Beleuchtung hier ausreichend intensiv ist, um z. B. in einer Gartenlaube auch noch am späten Sommerabend den Tisch zu beleuchten oder im Gerätehaus elektrisches Licht zu haben. Bei einem Carport dürfte vor allem an der Seite

Garten-Gerätehaus
Solar-Mini-Module

Gartenlaube
Solar-Mini-Module

Carport
Solarmodul

4.2 Beleuchtung kleinerer Objekte

des Autokofferraums die Beleuchtung kräftiger sein, um z. B. beim Ein- und Ausladen ausreichend Licht zu haben.

Den Planungsüberlegungen liegen gleich mehrere Aspekte zugrunde:

- Die Versorgungsspannung muss auf die angewendete LED-Beleuchtung abgestimmt sein – oder es sind LED-Leuchten oder kahle LEDs anzuwenden, die sich am einfachsten an die Spannungsabstufungen der Akkus (1,2; 2,4; 3,6; 4,8; 6 V usw.) anpassen.
- Lichtstärke, Abstrahlwinkel und Anzahl der angewendeten LED-Leuchten oder LEDs sollten die vorgesehene Ausleuchtung des Raums oder der erwünschten Fläche(n) bewältigen.
- Je nach Ansprüchen an Ästhetik und Pflege kann entschieden werden, ob eine einfache, rein funktionelle Lösung oder eine dekorative Leuchte Vorrang hat.
- Die Kapazität des angewendeten Akkus ist so zu wählen, dass die Stromversorgung während der geschätzten täglichen oder wöchentlichen Betriebsstunden auch dann aufrechterhalten bleibt, wenn das Wetter nicht mitspielt.

Ist für ein kleines Objekt oder einen kleinen Standort nur eine bescheidene Beleuchtung vorgesehen, die zudem selten oder jeweils nur für kurze Zeit beansprucht wird, ist es von Vorteil, mit einer niedrigen Versorgungsspannung auszukommen. Die Investition in die Akkus und das Solarmodul ist dann gering.

Die meisten der weißen oder warm-weißen LEDs mit hoher Lichtstärke sind als kahle Bausteine (= als *superhelle* oder *ultrahelle* Leuchtdioden) für Versorgungsspannungen ausgelegt, die zwischen ca. 2,9 und 4 Volt liegen.

Einige dieser LEDs (z. B. auch die superhellen LEDs aus Tabelle 2.1 auf Seite 40) sind sogar „maßgeschneidert" für eine Versorgungsspannung ausgelegt, die laut Datenblatt 3,6 Volt (maximal 4 Volt) beträgt. Das trifft sich gut, denn die Nennspannung von drei NiMH-Akkus beträgt 3,6 Volt. Allerdings kann die Spannung dreier voll aufgeladener NiMH-Akkus ca. 4,65 Volt betragen – was von der Art des Ladens abhängt. Diese Spitzenspannung kann zwar ein solches NiMH-Trio nur kurze Zeit liefern, danach baut sich die Spannung gleitend ab. Die offiziellen 3,6 Volt stellen dabei jedoch nur eine Momentaufnahme dar, die aus physikalischer Sicht keinen ausgesprochen stabilen Spannungswert darstellt.

Da haben wir ein Problem, das aber „technisch elegant" auf zwei Weisen gelöst werden kann:

Entweder werden die Akkus nicht höher als auf ca. 3,9 bis 4 Volt aufgeladen oder die Spannung für die LEDs wird am Ausgang des Akkus auf den maximal zulässigen Wert gedrosselt.

Die Lösung des eingeschränkten Aufladens kann z. B. nach *Abb. 4.10* umgesetzt werden: Für die Regelung der Ladespannung wird eine Zenerdiode verwendet, die theoretisch eine Ladespannung von 3,9 Volt an den Akku durchlässt. In der Praxis weist die Zenerspannung der Zenerdioden eine gewisse Toleranz auf. Hat man z. B. drei bis fünf Zenerdioden der Type *ZPY 3,9 V* zum Austesten, wird sich unter ihnen mit etwas Glück eine finden, deren Zenerspannung ca. 3,95 bis 4 Volt beträgt und somit das Laden auf diesen Schwellenwert erhöht. Wenn nicht, ist es auch kein Problem. Die Akkus werden dann zwar während ihres Daseins nie voll, aber dennoch auf z. B. 95 % ihrer Kapazität aufgeladen. Damit dürfte man sich zufriedengeben, denn in der Photovoltaik gelingt es mit dem hundertprozentigen Aufladen des Speicherakkus ohnehin nur sporadisch. Meist gibt man sich damit zufrieden, dass die Sonne das mehr oder

4.2 Beleuchtung kleinerer Objekte

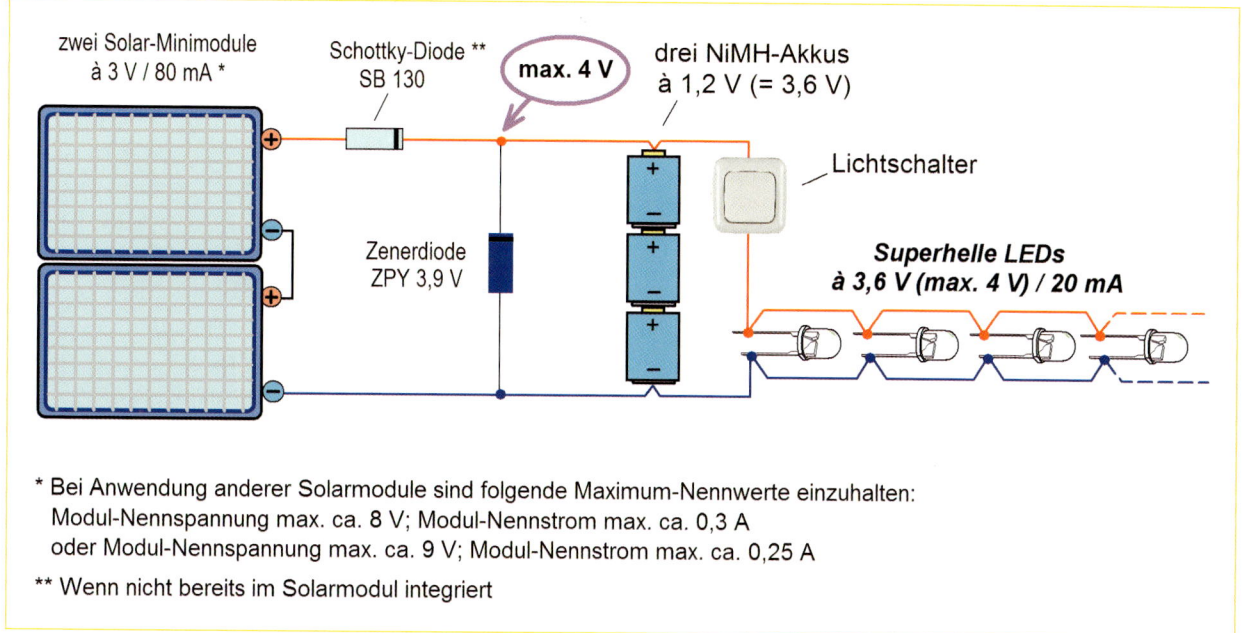

zwei Solar-Minimodule
à 3 V / 80 mA *

Schottky-Diode **
SB 130

max. 4 V

drei NiMH-Akkus
à 1,2 V (= 3,6 V)

Lichtschalter

Zenerdiode
ZPY 3,9 V

Superhelle LEDs
à 3,6 V (max. 4 V) / 20 mA

* Bei Anwendung anderer Solarmodule sind folgende Maximum-Nennwerte einzuhalten:
  Modul-Nennspannung max. ca. 8 V; Modul-Nennstrom max. ca. 0,3 A
  oder Modul-Nennspannung max. ca. 9 V; Modul-Nennstrom max. ca. 0,25 A

** Wenn nicht bereits im Solarmodul integriert

Abb. 4.10 – Um die LEDs vor zu hoher Versorgungsspannung zu schützen, kann die Ladespannung mit einer Zenerdiode unter 4 Volt gehalten werden.

weniger laufende Nachladen zumindest in einem Umfang meistert, bei dem es keine wetterbedingten Energie-Durststrecken gibt.

Das in *Abb. 4.10* dargestellte Beispiel einer einfachen Solarbeleuchtung eignet sich vor allem für Anwendungen, die nur während der wärmeren Jahreszeit beansprucht werden oder bei denen der Bedarf an künstlicher Beleuchtung begrenzt ist: z. B. die Beleuchtung einer Gartenlaube, eines Garten-Gerätehäuschens, eines Gartensitzplatzes u. Ä.

Wird Wert darauf gelegt, dass die Beleuchtung auch während längerer sonnenarmer Perioden gewährleistet ist, kann dies durch Erhöhung der Solarspannung und des Solarstroms erreicht werden. Die Errichtungskosten können trotzdem niedrig gehalten werden, wenn dabei nach *Abb. 4.11* Gebrauch von

preiswerten Solar-Minimodulen (gekapselten *Solarpanels*) gemacht wird. Die Kapazität der angewendeten Akkus muss dabei so gewählt werden, dass die Leistung der Solarmodule möglichst voll genutzt wird und dass zudem der Energievorrat auch für die Überbrückung von z. B. drei verregneten Wochen ausreicht. Eine Kontrolle der Ausgewogenheit beider Modulsektionen und der tatsächlichen Ladespannung sollte vor Inbetriebnahme mit einem Multimeter unbedingt vorgenommen werden.

Ist eine noch stärkere oder häufiger benötigte Beleuchtung erforderlich, muss auch der Speicherakku angemessen großzügig dimensioniert werden, um ausreichende Energiereserven bieten zu können. In diesem Fall kann es unter Umständen günstiger sein, wenn die Versorgungsspannung – und damit die Akkuspannung

4.2 Beleuchtung kleinerer Objekte

– höher gewählt wird. Richten wir uns dabei weiterhin nach der Versorgungsspannung der kleineren superhellen LEDs, ergibt sich daraus als nächsthöhere Stufe eine LED-Versorgungsspannung von zwei in Reihe geschalteten LEDs, die optimal 7 und maximal 8 Volt betragen sollte. Eine leicht nachzubauende Lösung zeigt *Abb. 4.12*.

Nachbauleicht ist auch die Schaltung aus *Abb. 4.13*, denn hier können nur handelsübliche Standardbausteine verwendet

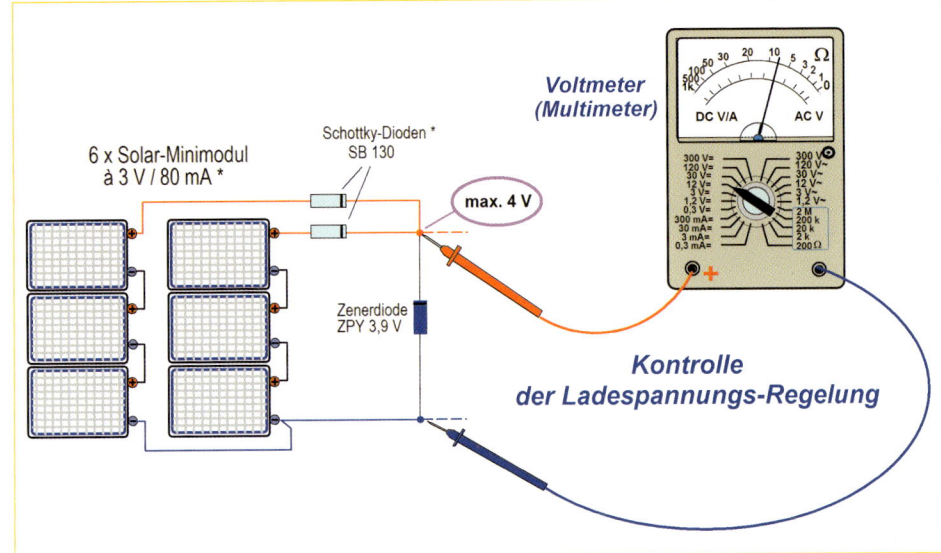

Abb. 4.11 – Erhöhung der Solar-Ladeleistung durch Anwendung mehrerer Solar-Minimodule.

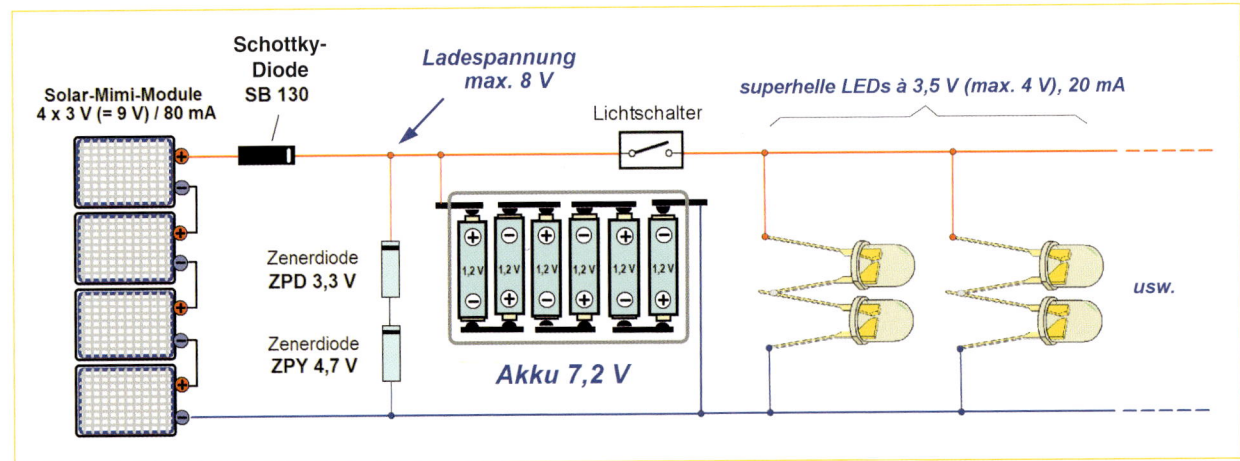

Abb. 4.12 – Beispiel einer Spannungsversorgung für je zwei LEDs in Reihe.

4.2 Beleuchtung kleinerer Objekte

werden, die nicht gelötet, sondern über Schraubklemmen verbunden werden. Eine solche Lösung eignet sich vor allem für Objekte, bei denen auf eine starke Beleuchtung Wert gelegt wird oder bei denen eine 12-Volt-Spannungsversorgung auch noch für andere Zwecke erforderlich ist. So kann z. B. bei einem Schrebergartenhaus die Spannungsversorgung noch für einen Wasserkocher, für eine Satellitenanlage mit Fernseher u. Ä. reichen. Bei einem Carport kann wiederum der Solarstrom im Winter für das Aufwärmen von Autoheizkissen oder für die Stromversorgung einer Alarmanla-

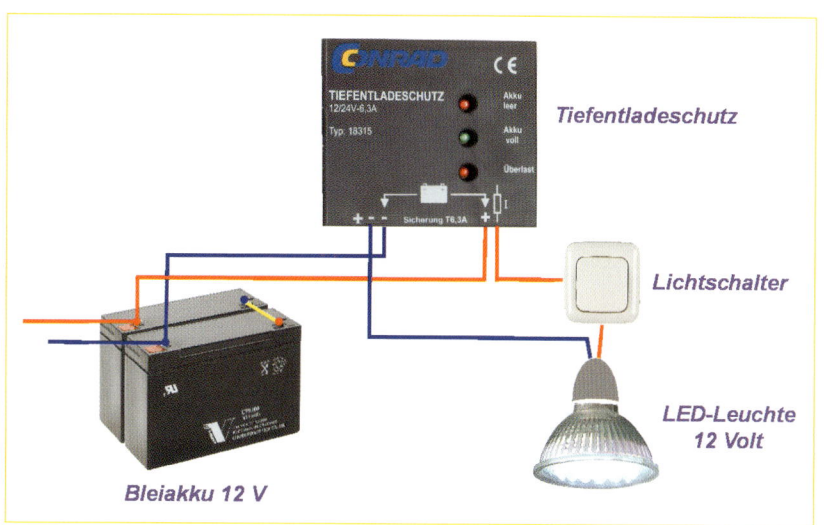

Abb. 4.13 – Schnell und bequem kann eine solarelektrische Beleuchtung mit handelsüblichen Bausteinen installiert werden, wenn eine 12-Volt-Versorgungsspannung angewendet wird.

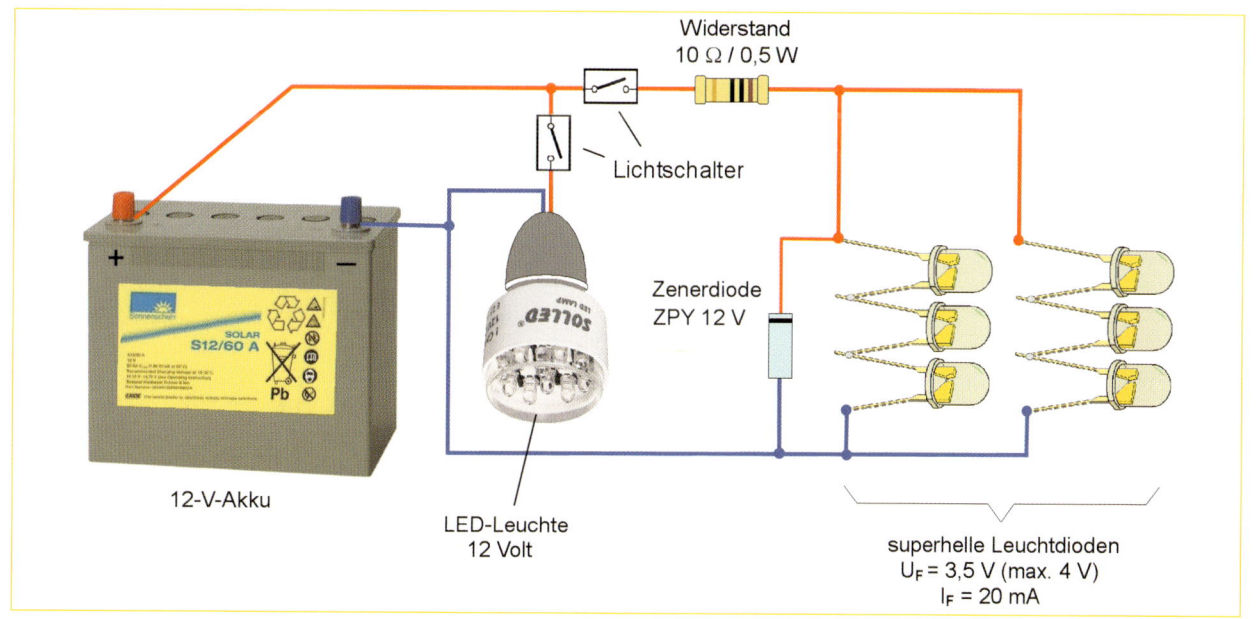

Abb. 4.14 – Beispiel einer Beleuchtung, bei der eine handelsübliche LED-Leuchte mit Selbstbauleuchten kombiniert wird.

4.2 Beleuchtung kleinerer Objekte

ge genutzt werden usw. Selbstverständlich können hier auch beliebig viele Leuchten parallel zu der eingezeichneten Lampe angeschlossen und bei Bedarf auch mit separaten Lichtschaltern versehen werden.

Bei einer 12-Volt-Spannungsversorgung können für die Beleuchtung auch verschiedene Leuchtkörper – z. B. handelsübliche Leuchten und kahle LEDs – nach dem Beispiel in *Abb. 4.14* beliebig miteinander kombiniert werden.

Abb. 4.15 zeigt ein Beispiel, in dem die bereits anderweitig beschriebenen *High-Power-LEDs* der Type *Luxeon-Star-Hexagon* für die Raumbeleuchtung verwendet werden. Auch bei diesen LEDs muss die Versorgungsspannung mithilfe zusätzlicher Zenerdioden so eingestellt werden, dass der LED-Strom 700 mA nicht überschreitet. Ansonsten unterscheidet sich hier die solarelektrische Spannungsversorgung nicht von den bereits beschriebenen Lösungen. Wir haben für dieses Beispiel zwei kostengünstige 6-Volt-Bleiakkus in Reihe ge-

schaltet und somit einen preiswerten und kleinen 12-Volt-Akku erhalten, für den sich z. B. direkt an der Decke einer Gartenlaube ein Aufbewahrungsplatz findet.

> **Hinweis**
>
> 12-Volt-Bleiakkus leiden unter der, bereits angesprochenen, zu tiefen Entladung. Wenn sie für die Stromversorgung einer Beleuchtung angewendet werden, sollte bevorzugt ein zusätzliches Tiefentladeschutz-Gerät nach *Abb. 4.13 (und Abb. 1.8)* zwischen den Akku und die Anschlüsse installiert werden. Wir haben den Tiefentladeschutz bei einigen Beispielen nicht eingezeichnet, um die Schaltung übersichtlich zu halten, aber sinnvoll ist dieser Schutz bei allen 12-Volt-Bleiakkus dennoch. Alternativ kann allerdings auch ein Kontrollvoltmeter am Akku das jeweilige Spannungsniveau anzeigen, wenn es sich um eine Minianlage handelt, die ausreichend oft beaufsichtigt wird.

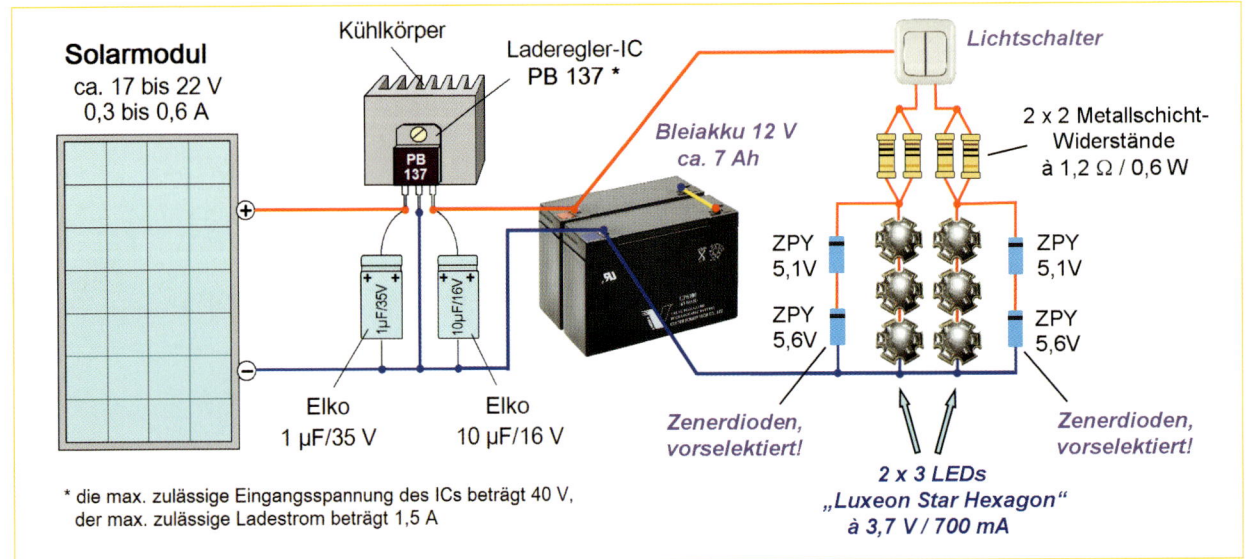

Solarmodul
ca. 17 bis 22 V
0,3 bis 0,6 A

Kühlkörper

Laderegler-IC
PB 137 *

PB 137

Lichtschalter

Bleiakku 12 V
ca. 7 Ah

2 x 2 Metallschicht-Widerstände
à 1,2 Ω / 0,6 W

ZPY 5,1V

ZPY 5,1V

ZPY 5,6V

ZPY 5,6V

Elko
1 µF/35 V

Elko
10 µF/16 V

Zenerdioden, vorselektiert!

Zenerdioden, vorselektiert!

2 x 3 LEDs
„Luxeon Star Hexagon"
à 3,7 V / 700 mA

* die max. zulässige Eingangsspannung des ICs beträgt 40 V, der max. zulässige Ladestrom beträgt 1,5 A

Abb. 4.15 – Schaltung einer solarelektrischen Spannungsversorgung von *Luxeon-Star-Hexagon*-LEDs.

4.2 Beleuchtung kleinerer Objekte

Abb. 4.16 – Beispiel einer einfachen Gartenlauben-Beleuchtung.

4.3 Dekorative LED-Anwendungen

Die vorhergehenden Beispiele haben sich auf eine rein funktionelle LED-Beleuchtung bezogen, bei der ein Lichtspektrum wünschenswert ist, das dem Tageslicht ähnelt. Das klappt zufriedenstellend mit weißen LEDs. Für eine Beleuchtung dekorativer Art können dagegen farbige LEDs verwendet werden, die teilweise (in der Form von *Low-Cost-LEDs*) preisgünstig sind. Viele der farbigen LEDs sind zudem für Versorgungsspannungen ausgelegt, die zwischen ca. 1,6 und 2 Volt liegen. Das kann bei manchen Anliegen von großem Vorteil sein. Allerdings sollte auch bei diesen

LEDs die in den Katalogen angegebene Versorgungsspannung (U_F) nur als informativer Richtwert betrachtet werden, da auch hier das Einhalten des vom Hersteller angegebenen LED-Stroms (I_F) die wichtigste Voraussetzung für die optimale Funktion darstellt. Das Unterschreiten des LED-Stroms (I_F) schadet der LED zwar nicht, hat jedoch eine Einbuße der Lichtstärke zur Folge.

Bei diversen dekorativen LED-Ketten, Figuren oder Mosaiken bleibt es jedoch eine Frage des Ermessens, ob eine volle Lichtstärke erforderlich ist oder ob aus

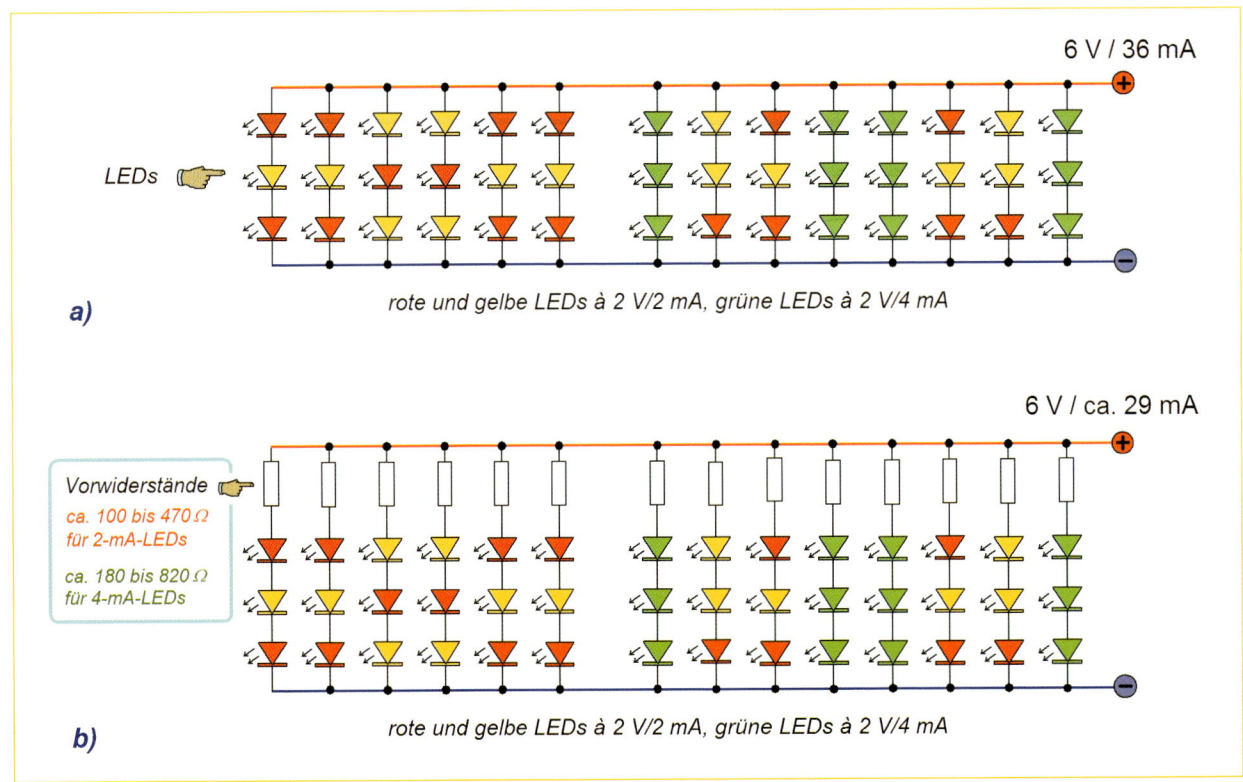

a) rote und gelbe LEDs à 2 V/2 mA, grüne LEDs à 2 V/4 mA

b) rote und gelbe LEDs à 2 V/2 mA, grüne LEDs à 2 V/4 mA

Abb. 4.17 – Mit Low-Current-LEDs können in serieller/paralleler Anordnung größere leuchtende Flächen oder Mosaiken erstellt werden, die vom Speicherakku einen ziemlich geringen Strom beziehen.

Energiespargründen eine niedrigere Leistung in Kauf genommen werden dürfte.

Wird beispielsweise in einem Gartenpavillon als verspielte bunte Beleuchtung die ganze Decke wie ein Sternenhimmel mit einigen hundert LEDs bestückt, kann es sogar wünschenswert sein, dass die einzelnen LEDs nicht allzu kräftig strahlen. Superhelle LEDs, bei denen man nicht direkt in den Schein blicken darf, wären für ein solches Vorhaben nicht geeignet, denn der Sinn einer solchen Dekoration ist, dass man sie anschauen und als Kunstwerk bewundern kann. Für solche Zwecke können dann sogar Low-Current-LEDs verwendet werden, deren Stromabnahme laut Katalog 2 bis 4 mA beträgt, die aber trotzdem noch auf „Sparflamme" (auf einen etwas niedriger eingestellten Strom) laufen können, wenn es die optische Wirkung verlangt.

Unsere *Abb. 4.17* zeigt das Beispiel einer LED-Anordnung bei einer 6-Volt-Spannungsversorgung, die z. B. von einem solarelektrisch geladenen 6-Volt-Bleiakku bezogen werden kann. In diesem Beispiel wurden rote und gelbe Low-Current-LEDs verwendet, deren Stromabnahme bei „nur" 2 mA liegt. Bei den hier vorgesehenen grünen LEDs ist die Stromabnahme doppelt so hoch – was jedoch nicht für alle grünen Low-Current-LEDs generell gilt.

Der optimale Wert der Vorwiderstände sollte nach *Abb. 4.18a* erst mithilfe eines Einstellreglers ermittelt werden, mit dem die erwünschte (bzw. ausreichende) Lichtintensität eingestellt wird. Anschließend kann der am Einstellregler eingestellte Wert mit einem Ohmmeter (= Multimeter, geschaltet auf Messbereich *Widerstandsmessung*) nach *Abb. 4.18b* nachgemessen werden, um den benötigten Wert der optimalen Vorwiderstände festzustellen.

Das in *Abb. 4.18a* eingezeichnete Multimeter dient in diesem Fall nicht unbedingt der Einstellung des maxi-

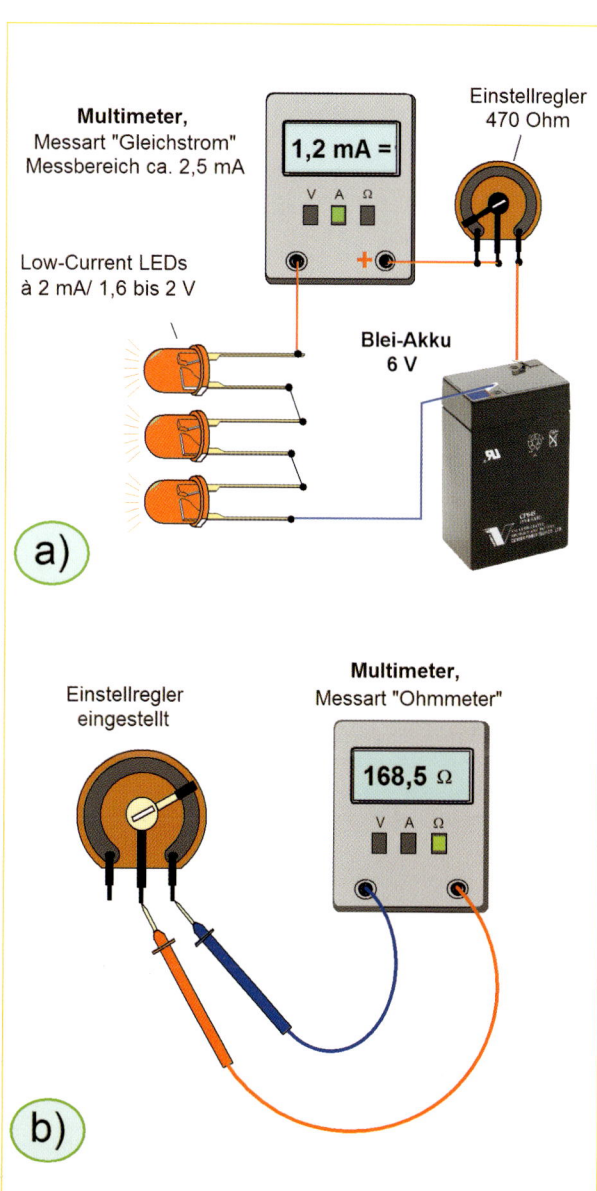

a)

b)

Abb. 4.18 – Einstellung der LED-Lichtstärke: **a)** Optimale Einstellung des Einstellreglers. **b)** Ermittlung des eingestellten ohmschen Widerstands des Einstellreglers.

4.3 Dekorative LED-Anwendungen

mal zulässigen LED-Stroms, sondern zur Kontrolle, ob zulässige LED-Strom (I_F) nicht überschritten wird. Vor der Inbetriebnahme dieser Testschaltung sollte der Einstellregler auf seinen maximalen ohmschen Wert eingestellt (= voll nach links gedreht) werden. Nach dem Einschalten der Versorgungsspannung wird der Einstellregler langsam und vorsichtig nach rechts (im Uhrzeigersinn) gedreht, bis die optimale Leuchtkraft der getesteten LEDs erreicht wird. Diese kann z. B. bereits bei einem LED-Strom von 1,7 mA (bei „2-mA-LEDs") als ausreichend stark empfunden werden. Nachdem anschließend die Spannungsversorgung abgeschaltet wurde, wird mit einem Ohmmeter (Multimeter) nach-

gemessen, welchen ohmschen Wert der Teil des Einstellreglers hat, der als LED-Vorwiderstand infrage kommt. Liegt der ermittelte ohmsche Wert zwischen zwei Standardwerten der handelsüblichen Kohleschicht-Widerstände, kann probeweise festgestellt werden, ob der niedrigere oder der höhere Widerstand bevorzugt wird. Wenn für ein solches Projekt Restposten-LEDs verwendet werden, deren Lichtstärke störende Unterschiede aufweist, können die LED-Trios (oder auch längere LED-Reihen) so konfiguriert werden, dass sie durch Anwendung unterschiedlicher Vorwiderstände dennoch die gleiche Lichtstärke aufweisen. Die Leistung der Vorwiderstände (Kohleschicht-

Widerstände) darf bei Low-Current-LEDs bei ca. 0,1 Watt liegen, wenn die Versorgungsspannung höchstens 12 Volt beträgt. Manchmal sind jedoch ¼- oder ½-Watt-Kohleschicht-Widerstände preiswerter. Wenn es der Platz erlaubt, können sie selbstverständlich angewendet werden.

Wird für ein derartiges Vorhaben anstelle eines 6- ein 12-Volt-Akku verwendet, können statt der ursprünglichen 3 LEDs bis zu 7 LEDs pro Reihe angeschlossen werden (Abb. 4.19). Ob die angewendeten LEDs in diesem Fall auch noch bei 7 Stück pro Kette ausreichend intensiv und ausgewogen leuchten, muss ausprobiert werden. Eine Vorselektion der LEDs ist manchmal ebenfalls erforderlich, denn nicht immer erhält hier der Kunde vorselektierte Ware – was bei einem günstigen Preis in Kauf genommen werden darf. Bei Bedarf kann eine ausreichend ausgewogene Lichtintensität einzelner LED-Reihen entweder durch unterschiedlich hohe Vorwiderstände oder eine unterschiedliche Anzahl der LEDs pro Reihe erzielt werden.

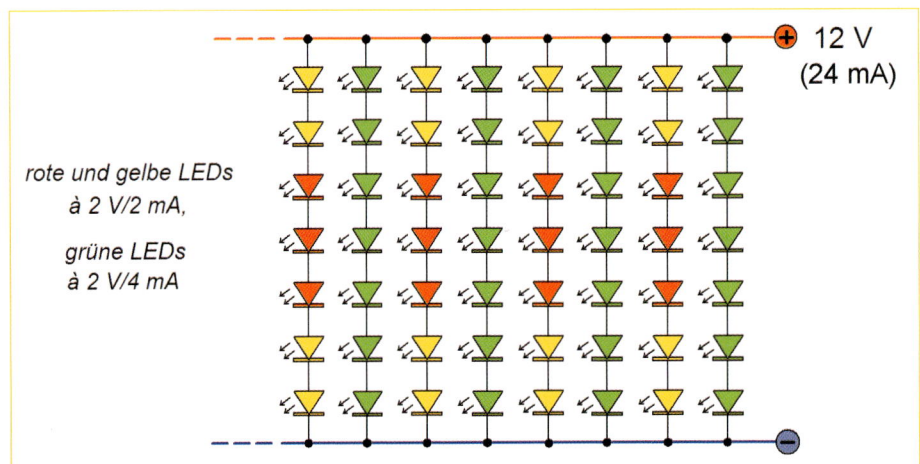

rote und gelbe LEDs
à 2 V/2 mA,

grüne LEDs
à 2 V/4 mA

Abb. 4.19 – Wird eine höhere Versorgungsspannung verwendet, kann die Anzahl der LEDs pro Reihe entsprechend erhöht werden: Vorwiderstände können entfallen, wenn die Lichtintensität der Lichtsektionen ausgewogen bleibt.

4.4 Blinkende LED-Sektionen

Wir haben bereits am Buchanfang auf die blinkenden LEDs und auf einige interessante Anwendungsmöglichkeiten hingewiesen, bei denen z. B. eine „Blink-LED" bei Bedarf ganze LED-Ketten oder kleinere LED-Lichtfelder blinkend schalten kann. Möchte man größere LED-Segmente blinkend schalten oder ist eine einstellbare Blinkfrequenz erwünscht, kann anstelle der Blink-LED ein Blinker mit dem IC *NE 555* nach *Abb. 4.20* im Selbstbau erstellt werden. Das eingezeichnete Einstellpotentiometer *P* kann bei Bedarf (nach Austesten der Schaltung) durch einen festen Widerstand ersetzt werden. Der Wert des eingezeichneten Elkos (10 μF) kann bei Bedarf ebenfalls erhöht werden, wenn eine niedrigere Blinkfrequenz erwünscht ist.

Der Blinker kann z. B. an einer kleinen Experimentierplatine aufgebaut werden. Falls Sie mit solchen Arbeiten wenig Erfahrung haben, kann es Ihnen die Arbeit er-

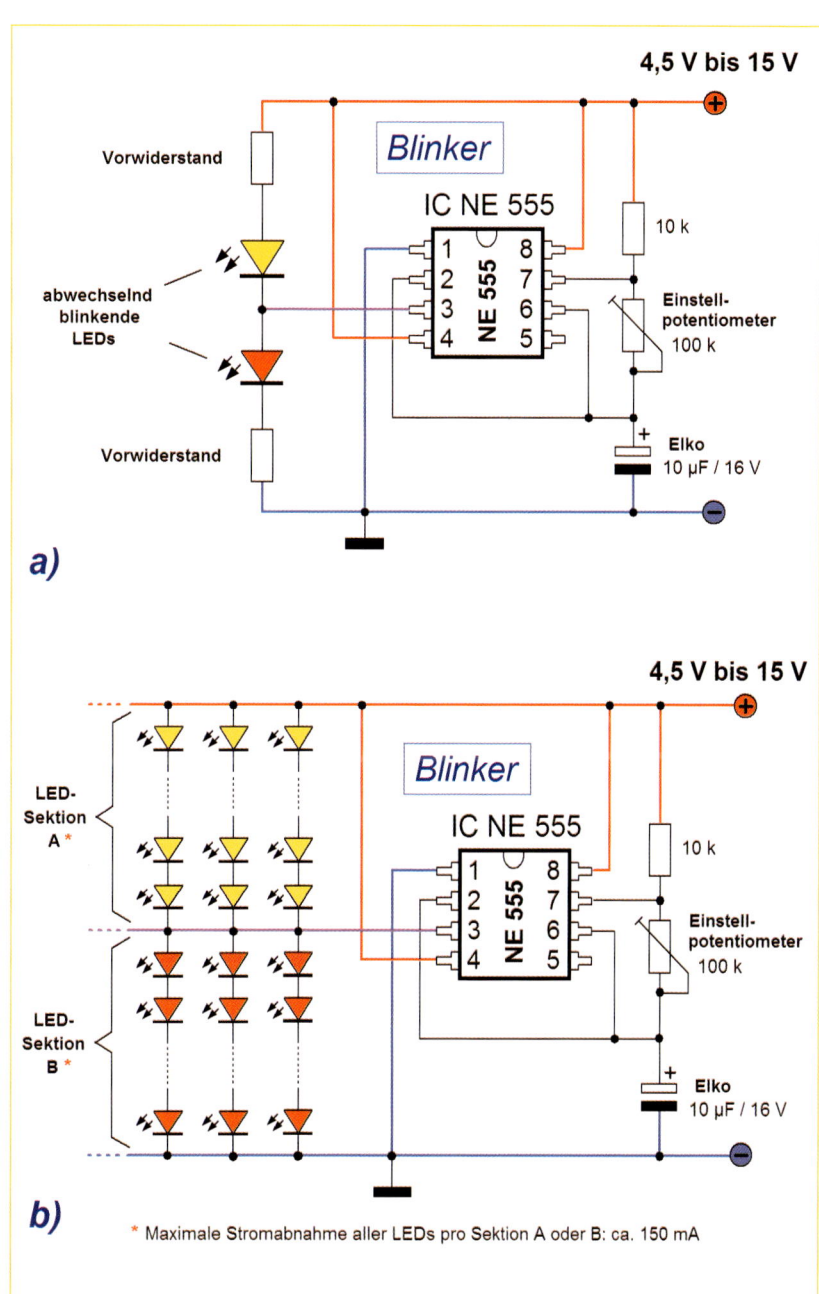

Abb. 4.20 – Leicht nachzubauende Schaltung eines einfachen Blinkers mit dem IC NE 555: **a)** mit zwei LEDs, **b)** mit mehreren LEDs (das IC ist in Ansicht von oben bildlich dargestellt).

109

4.4 Blinkende LED-Sektionen

leichtern, wenn Sie sich die Schaltung spiegelbildlich umzeichnen, damit Sie sich bei der Erstellung der Lötverbindungen an der Platinenrückseite leichter orientieren können.

Das IC NE 555 darf über seinen Pin 3 theoretisch einen Strom von maximal 200 mA schalten. Wir muten diesem IC in der Praxis aber höchstens einen Strom von max. 150 mA zu, da es sich ansonsten zu sehr aufheizt. Ist eine höhere Stromabnahme vorgesehen, als ein einziges IC verkraftet, können zwei oder auch mehrere solcher ICs einfach parallel (Pin zu Pin) verbunden werden. Der Widerstand, das Einstellpotentiometer (Einstellregler) und der Kondensator werden gemeinsam für alle ICs genutzt.

Abb. 4.21 zeigt ein praktisches Anwendungsbeispiel blinkender LED-Kreise. Im privaten Bereich können zwei (oder auch mehrere) solche konzentrischen Kreise bei einer Geburtstags- oder Jubiläumsfeier eine Zahl oder ein Bild hervorheben. Bei einer gewerblichen Anwendung können blinkende Umrandungen, Pfeile oder Zeilen einen Hinweis betonen oder als Blickfänger dienen.

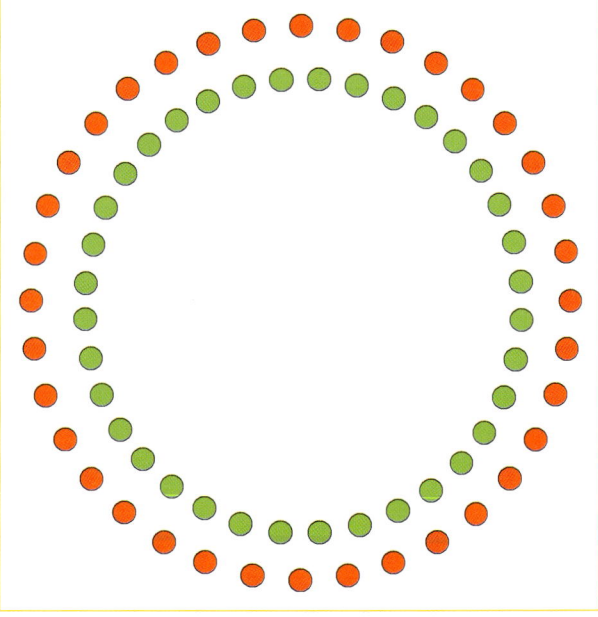

Abb. 4.21 – Zwei blinkende LED-Kreise können z. B. bei einer Geburtstags- oder Jubiläums-Feier eine Zahl oder ein Bild hervorheben.

Hinweis

Als kompatibel zu diesem bipolaren IC wird in manchen Schaltplänen seine modernere CMOS-Alternative der Type *ICM 7555* angeboten. Dieses IC hat zwar die gleiche Pinbelegung, aber sein Pin 3 verkraftet theoretisch nur einen *Ausgangsstrom* von maximal 100 mA und ist zudem, im Vergleich zum NE 555, fürs Experimentieren zu empfindlich. Für eine bescheidene Stromabnahme von z. B. max. 75 mA ist es jedoch geeignet.

4.5 LED-Solar-Hausnummer im Selbstbau

Wir haben bereits am Buchanfang eine LED-Hausnummer angesprochen, deren Ziffern aus einzelnen LEDs zusammengestellt werden können. In dem Beispiel wurden grüne LEDs angewendet, da sie auch tagsüber vor einem hellen Hintergrund gut sichtbar sind. Das Gleiche würde auch für rote oder blaue LEDs zutreffen, wobei blaue LEDs teuer und in Low-Current-Ausführung nicht erhältlich sind. Übrig blieben für solche Anwendungen noch gelbe LEDs. Wenn sie z. B. einen blauen Hintergrund erhalten, sind sie auch tags-

Abb. 4.22 – Zwei Ausführungsbeispiele handelsüblicher Solar-Hausnummern (Fotos/Anbieter: Reichelt Elektronik und Westfalia).

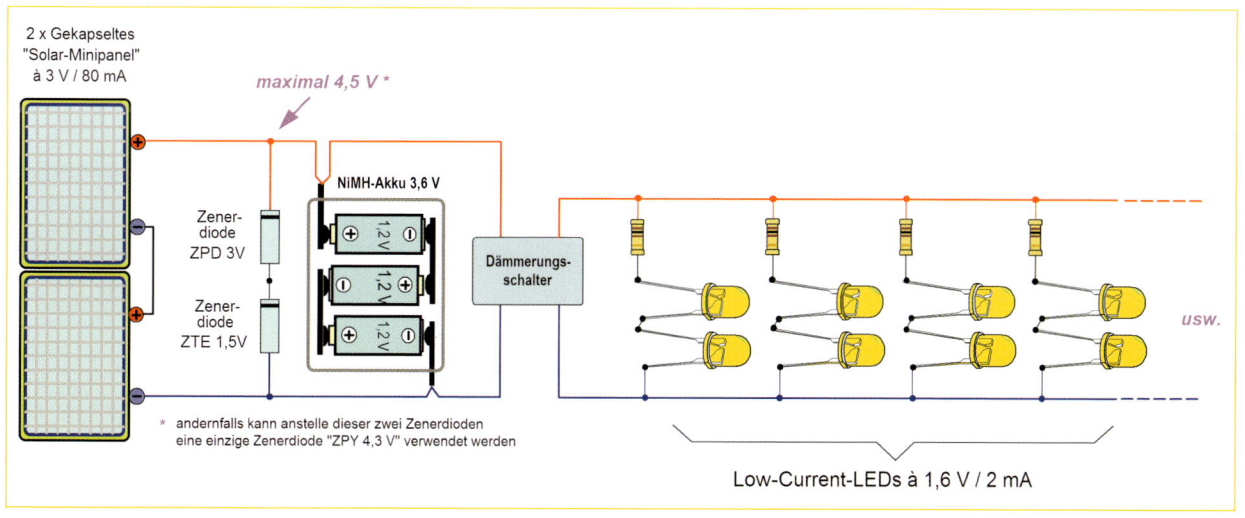

Abb. 4.23 – Schaltung einer einfachen solarelektrischen Selbstbau-Hausnummer.

4.5 LED-Solar-Hausnummer im Selbstbau

über gut sichtbar und haben in der Low-Current-Ausführung bei einer Stromabnahme von weniger als 2 mA oft eine höhere Lichtstärke als beispielsweise die roten oder grünen LEDs.

Um den Speicherakku kleinhalten zu können, bietet sich eine Versorgungsspannung von 3,6 Volt (3 NiMH-Akkus à 1,2 V in Reihe) an. Mit dieser Spannung kön-

nen je zwei Low-Current-LEDs in Reihe betrieben werden, die für eine Versorgungsspannung (U_F) von 1,6 bis 2 Volt ausgelegt sind. Oft kann vor jedes solches LED-Duo auch noch ein kleiner Vorwiderstand eingelötet werden, um den Strombedarf etwas zu reduzieren – sofern die Lichtintensität noch ausreichend stark bleibt.

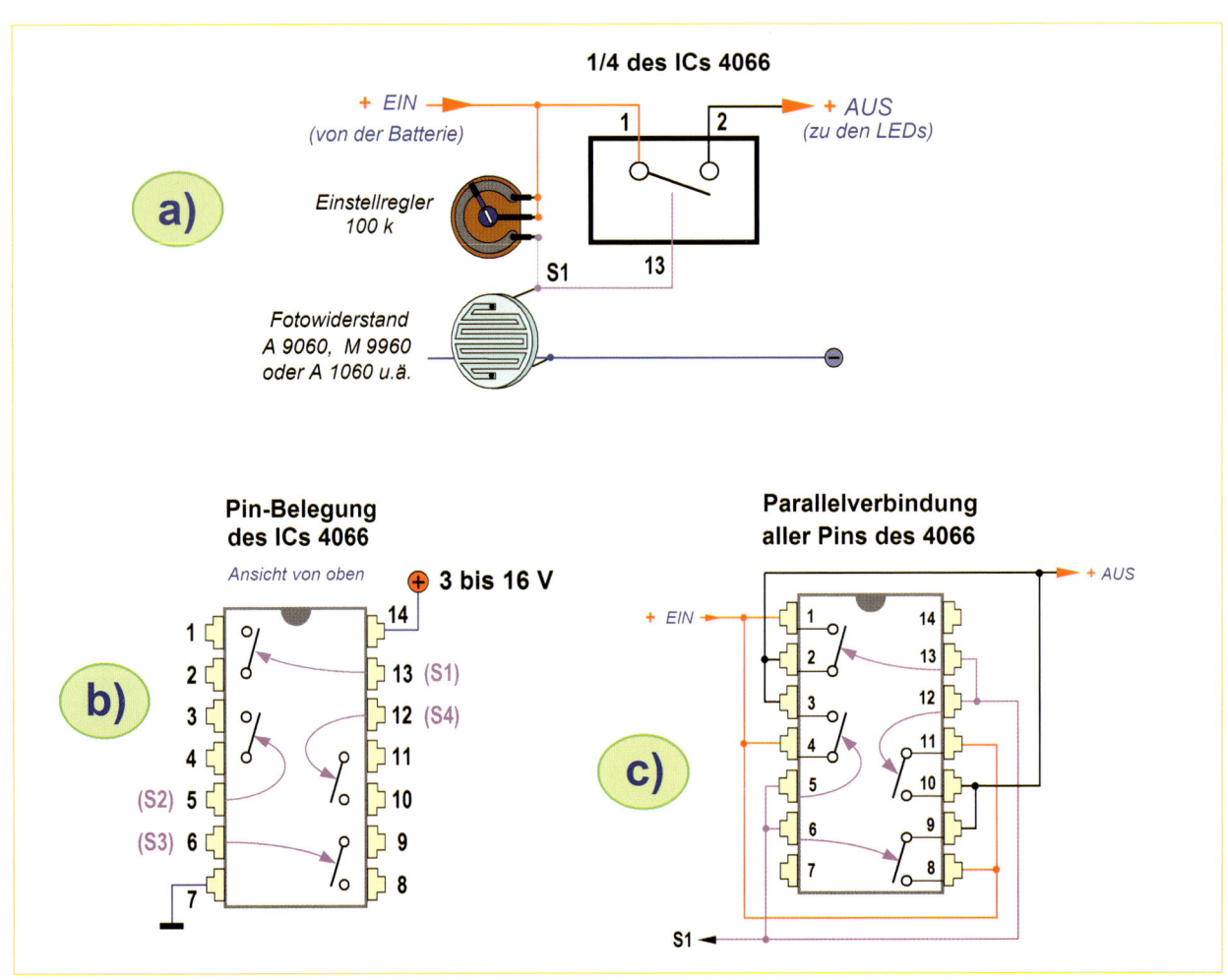

Abb. 4.24 – Schaltung eines einfachen Selbstbau-Dämmerungsschalters.

4.5 LED-Solar-Hausnummer im Selbstbau

Abb. 4.23 zeigt das Beispiel einer Hausnummer mit solarelektrischer Stromversorgung. Einen einfachen Selbstbau-Dämmerungsschalter, der für diese Anwendung geeignet ist, finden Sie in *Abb. 4.24*.

Der in *Abb. 4.24a* aufgeführte Dämmerungsschalter macht Gebrauch von dem CMOS-Schalt-IC *4066*.

In diesem IC befinden sich vier selbstständige elektronische Schalter *(Abb. 4.24b)*. Jeder dieser Schalter hat einen eigenen Steueranschluss *(S1 bis S4)*. Wird an einen dieser Anschlüsse (Pins 5, 6, 12 und 13) eine ausreichend hohe positive Spannung angelegt, schaltet der zuständige elektronische Schalter seinen *elektronischen Kontakt* ein und bleibt eingeschaltet, solange die positive Spannung an seinem Steueranschluss erhalten bleibt. Genaugenommen bleibt er so lange eingeschaltet, wie die Steuerspannung etwas über der Hälfte der Versorgungsspannung des IC liegt. Sinkt die Steuerspannung unter die Hälfte der Versorgungsspannung des IC, schaltet der elektronische Schalter ab.

Für ein eventuelles Beschnuppern der Funktion dieses IC können Sie sich eine Versuchsschaltung nach *Abb. 4.25* erstellen und durch langsames Drehen an dem 100-kΩ-

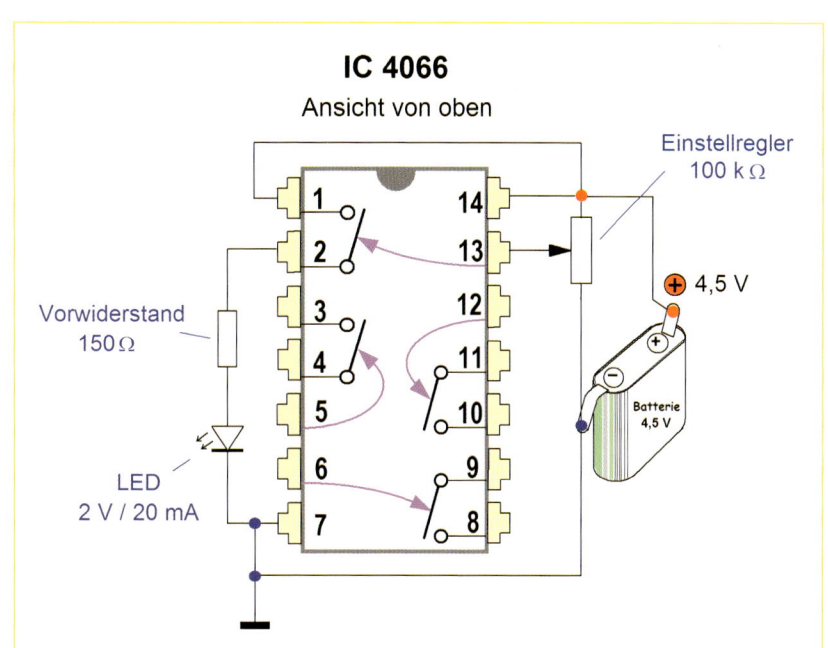

Abb. 4.25 – Einfache Versuchsschaltung mit dem IC 4066.

Einstellregler die Einschaltschwelle ermitteln.

Wird anstelle dieses einen Einstellreglers der Steuereingang (Pin 13/S1) an einen *Spannungsteiler* angeschlossen, der nach *Abb. 4.24a* aus einem Einstellregler (oben) und einem *Fotowiderstand* (unten) besteht, fungiert die Schaltung ähnlich wie die in *Abb. 4.25*. Der ohmsche Wert des Fotowiderstands liegt tagsüber (belichtet) bei einigen hundert Ohm und bei Einbruch der Dämmerung erhöht sich er sich auf einige hundert Kilo-Ohm. Sobald der ohm-

sche Widerstand des Fotowiderstands höher wird als der Widerstand, der am Einstellregler eingestellt ist, schaltet das IC die an ihn angeschlossene(n) LED(s) ein. Das optimale Einstellen des Einstellreglers hängt von der Type des angewendeten Fotowiderstands ab und wird experimentell vorgenommen.

Während der ersten Experimente mit dieser Schaltung kann der Fotowiderstand durch Abdecken mit einem Tuch abgedunkelt werden, wobei er den Schaltvorgang auslöst.

4.5 LED-Solar-Hausnummer im Selbstbau

Jeder der elektronischen Schalter des IC 4066 darf maximal einen Strom von 25 mA schalten. Da in diesem IC vier solche Schalter zur Verfügung stehen, kann man sie alle, nach *Abb. 4.24c,* miteinander durchverbinden, womit sich der max. zulässige Schaltstrom des IC theoretisch auf 100 mA erhöht. In der Praxis werden wir das IC jedoch schonend nur mit einem Strom von maximal ca. 75 bis 80 mA belasten. Bei Bedarf können zwei oder auch mehrere dieser preiswerten ICs parallel zu dem ersten IC angeschlossen werden, womit sich der maximal zulässige Schaltstrom theoretisch um weitere ca. 100 mA, praktisch um weitere ca. 75 bis 80 mA erhöht.

Hausnummern, die sich aus einzelnen LEDs zusammensetzen, sind zwar in der Dunkelheit hervorragend sichtbar, eignen sich jedoch bevorzugt für einstellige oder zweistellige Zahlen, in denen zumindest eine der Ziffern eine „1" ist. Ansonsten wird eine solche Hausnummer zu einem „Stromfresser", der vor allem während der trüberen Jahreszeit einen relativ großen Speicherakku und eine angemessen große Solarzellenfläche beansprucht.

Aus dieser Sicht sind Hausnummern vorteilhafter, bei denen – ähnlich den „professionellen" Ausführungsbeispielen in *Abb. 4.22* – nur der Hintergrund mit LEDs beleuchtet ist.

Für den Selbstbau sind die Ziffern sowie Plexiglas-, Makrolon-, oder ähnliche Kunststoffplatten in Läden für Bastelbedarf erhältlich. Die Hausnummer wird dann auf eine Kunststoffplatte aufgeklebt, die gut lichtdurchlässig aber nicht durchsichtig ist, denn die LEDs der Hintergrundbeleuchtung sollen nicht sichtbar sein. Es bleibt dabei im Ermessen des „Erbauers", ob er die aufgeklebte Nummer z. B. noch mit einer zweiten schützenden, transparenten Plexiglasplatte schützt oder ob er in Kauf nimmt, dass er jeweils nach einigen Jahren die alten selbstklebenden Nummern durch neue ersetzt.

Das eigentliche solarelektrische Konzept (Abb. 4.25) richtet sich vor allem nach dem Spannungsbedarf der vorgesehenen LEDs. Die Zahl der benötigten LEDs kann zwischen zwei und ca. sechs LEDs liegen – je nach Abstrahlwinkel und Lichtstärke.

Um die Tiefe der Hausnummer möglichst gering zu halten, werden zu solchem Zweck bevorzugt Leuchtdioden mit einem möglichst großen Abstrahlwinkel genommen – vorausgesetzt, man verwendet für die Hintergrundbeleuchtung nicht zahlreiche *Low-Current-LEDs.* Die Ausgewogenheit der Lichtverteilung und der Energiebedarf spielen bei einem individuellen Entwurf der Hausnummer eine wichtige Rolle.

Die Ansprüche an die Intensität der Ausleuchtung einer Hausnummer dürften oft abhängig vom Standort und der ihn umgebenden Straßenbeleuchtung sein. An einem wenig beleuchteten Standort ist auch eine relativ schwach leuchtende Hausnummer besser sichtbar als in einer Straße, in der die Straßenbeleuchtung zu dominant ist. Zudem benötigt eine einstellige Hausnummer weniger Hintergrundbeleuchtung als z. B. eine dreistellige. Meist reichen aber dennoch zwei bis drei LEDs mit einem Abstrahlwinkel von z. B. 120° für diesen Zweck aus. Wird die Versorgungsspannung möglichst niedrig gehalten, vereinfacht es die solarelektrische Stromversorgung.

Wir haben daher für diese Bauanleitung nach LEDs Ausschau gehalten, die sich sowohl mit einer möglichst niedrigen Versorgungsspannung (U_F) als auch mit niedrigem Strom (I_F) zufriedengeben, zudem einen möglichst breiten Abstrahlwinkel haben und eine angemessen hohe Lichtstärke aufbringen. Diese Eigenschaften bieten z. B. die *PLCC-Ultrabright-LEDs* von *Everlight* (Anbieter Conrad Electronic) in den Farben gelb, gelbgrün und grün. Sie benötigen nur eine Versorgungsspannung (U_F) von 2 Volt, einen niedrigen Strom (I_F) von 20 mA und weisen dabei eine Lichtstärke (I_V) von

200 mcd (Farben gelb und gelb-grün) bis 900 mcd (Farbe grün) bei einem Abstrahlwinkel von 120° auf. Sie sind mit ihren Abmessungen von 3,5 x 2,8 x 1,8 mm (L × B × H) zwar winzig, lassen sich aber dennoch mit einem normalen kleineren Lötkolben gut löten.

Drei solche LEDs kann unser Dämmerungsschalter aus *Abb. 4.24* zuverlässig schalten. Es wird zu diesem Zweck nur ein IC *4066*

benötigt, bei dem seine vier elektronischen Schalter (Porten) parallel nach dem Beispiel aus *Abb. 4.24c* verbunden werden. Die ganze Schaltung einer solchen Solar-Hausnummer zeigt *Abb. 4.26*.

Der optimale ohmsche Wert des Vorwiderstands kann am besten mithilfe eines Einstellreglers und eines Milliamperemeters nach dem Beispiel aus *Abb. 4.18* gefunden werden. Während dieses Messvor-

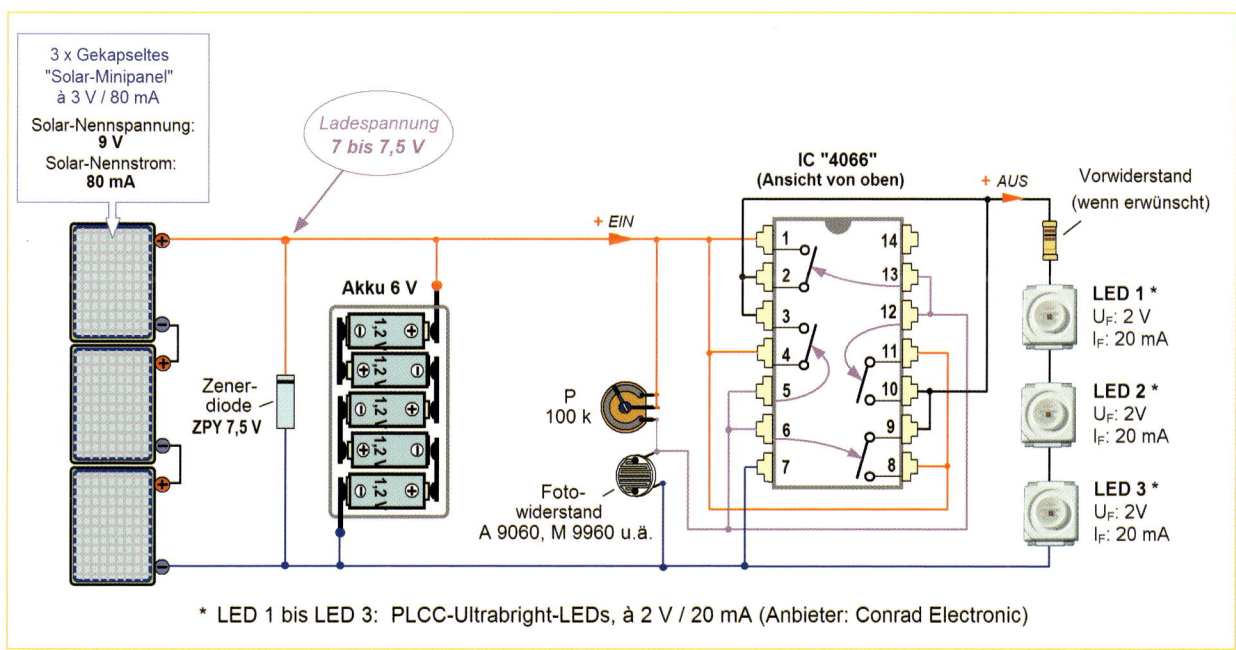

Abb. 4.26 – Selbstbauschaltung einer Solar-Hausnummer mit drei SMD-Leuchtdioden, die für eine Versorgungsspannung (U_F) von 2 Volt und einen niedrigen Strom (I_F) von 20 mA ausgelegt sind (zum Thema Vorwiderstand siehe Buchtext).

115

4.5 LED-Solar-Hausnummer im Selbstbau

gangs sollte die angewendete Batterie voll aufgeladen sein. Es bleibt dabei im persönlichen Ermessen, ob der LED-Strom nur nach subjektiv gewählter „ausreichender" Lichtstärke z. B. nur auf 16 mA eingestellt wird oder ob man ihn einfach annähernd auf den vollen I_F von z. B. 19 bis 20 mA einstellt.

Bleibt noch die Frage der optimalen Akkukapazität: Sie hat einen wichtigen Stellenwert, denn die Hausnummer soll selbstverständlich auch während der sonnenarmen Jahreszeit zuverlässig leuchten – was bei einigen der handelsüblichen Hausnummern nicht unbedingt gelingt. Das sehen wir uns nun genauer an:

Die drei LEDs beziehen von dem Akku einen Strom von bis zu 20 mA. Wir können den Strom der LEDs auf ca. 15 bis 18 mA einstellen und einen Vorwiderstand einlöten, wenn die Lichtstärke der Hintergrundbeleuchtung zufriedenstellend hoch bleibt. Da jedoch der geringfügige Stand-by- und Vollbetriebs-Stromverbrauch des IC 4066 nicht ganz außer Acht gelassen werden darf, können wir mit einem Verbrauch von ca. 20 bis 21 mA (= 0,02 bis 0,021 A) für die ganze Elektronik rechnen.

Eine gute Planungsgrundlage sollte vor allem die Monate Dezember und Januar einbeziehen, denn da sind die Nächte lang und der Nachschub an Sonnenenergie ist unzuverlässig. „Sehr lange Nächte" beschreibt allerdings nicht die Zeitspanne, während der die Hausnummer leuchten sollte. Wir sehen daher im Kalender nach, wie es z. B. am 24. Dezember mit dem Sonnenaufgang und Sonnenuntergang konkret aussieht. Da steht „Sonnenaufgang 8:25, Sonnenuntergang 16:17". Demnach gibt es das Tageslicht an diesem Tag nur etwa 8 Stunden lang und die Hausnummer müsste somit etwa 16 Stunden pro Tag leuchten.

Wir rechnen nun weiter: 16 Stunden × 0,021 A = 0,336 Ah an Energieverbrauch pro Tag.

Nun wäre hier noch die Frage, wie viele Tage im Dezember oder Januar sich die Sonne ohne eine Unter-

brechung hinter den Wolken versteckt. Laut Statistik könnte es bei etwas Pech zwei bis drei Wochen dauern. Zwar nicht unbedingt jedes Jahr, aber immerhin ...

Jetzt haben wir die Wahl: Wir können die Akkukapazität entweder nur für zwei oder gleich für drei Wochen dimensionieren.

Für zwei Wochen wären es 14 × 0,336 Ah = **4,7 Ah**
Für drei Wochen wären es 21 × 0,336 Ah = **7,06 Ah**

Für einen zweiwöchigen Betrieb müssten wir z. B. fünf NiMH-Mono-Akkus (D) à **1,2 V/5 Ah** (5000 mAh), für einen dreiwöchigen Betrieb fünf NiMH-Mono-Akkus (D) à **1,2 V/8 Ah** (8000 mAh) anwenden.

Eine kostengünstige Lösung ermöglicht eine Hintergrundbeleuchtung, für die nur zwei der vorher beschriebenen LEDs angewendet werden. Als kostengünstiger Speicher der Solarspannung bietet sich hier ein 4-Volt-Bleiakku an. Im Katalog von Conrad Electronic ist ein 4-Volt-Bleiakku zu finden, aber seine Kapazität beträgt nur 3,5 Ah. Durch die Anwendung von nur zwei der beschriebenen LEDs sinkt zwar – durch die niedrigere Versorgungsspannung – der Leistungsverbrauch, nicht aber der Stromverbrauch. So bleiben wir weiterhin an der vorhergehenden Berechnung der Akkukapazität hängen. Die Einsparung entsteht nur durch die Anwendung der kostengünstigeren Bleiakkus.

Die hier angesprochenen 4-Volt-Bleiakkus (Conrad Electronic, Bestellnummer 25 40 10) haben kleine Abmessungen von 90 × 34 × 60 mm (B × T × H) und daher können in dem Gehäuse der Hausnummer problemlos zwei dieser Akkus untergebracht und nach *Abb. 4.27* parallel verbunden werden. Damit verdoppelt sich die Akkukapazität auf 7 Ah.

Abb. 4.27 zeigt die nachbauleichte Schaltung einer Solar-Hausnummer, in der für die Hintergrundbeleuchtung nur zwei LEDs angewendet werden. Wir haben bei diesem Beispiel die ursprünglichen drei *Solar-Mini-*

panels beibehalten, um auch während der trüberen Jahreszeit zumindest ab und zu eine einigermaßen brauchbare Solar-Ladespannung zu erhalten. Aus dieser Sicht dürften auch bei der Lösung nach Abb. 4.26 eventuell vier, anstelle der drei eingezeichneten Solar-Minipanels verwendet werden bzw. die Nennspannung der Minimodule kann z. B. mit einigen zusätzlichen gekapselten Solarzellen etwas erhöht werden.

Die in *Abb. 4.27* eingezeichnete Zenerdiode *ZPY 4,3 V* könnte durch die bereits angesprochene Toleranz-

streuung bei etwas Glück eine höhere Ladespannung von z. B. 4,4 Volt an den Akku durchlassen. Anstelle dieser einzigen Zenerdiode können auch zwei Zenerdioden der Type *ZTE 1,5 V* und *ZPD 3,0 V* in Reihenschaltung die Spannung auf die genauen 4,5 V begrenzen. Diese Lösung dürfte jedoch eine Vorselektion erfordern, da andernfalls durch die *Plus-Toleranz* der tatsächlichen Zenerdioden-Sperrspannungen die Ladespannung zu hoch werden könnte. Sorgfältiges Messen mit einem zuverlässigen Multimeter ist hier angesagt.

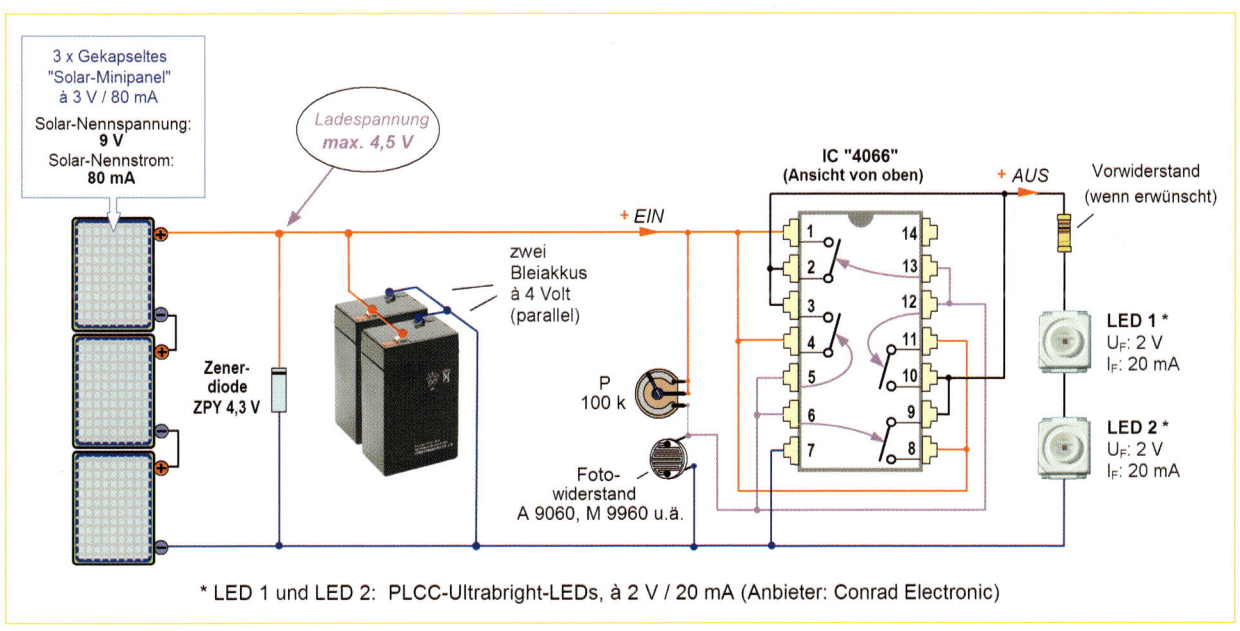

* LED 1 und LED 2: PLCC-Ultrabright-LEDs, à 2 V / 20 mA (Anbieter: Conrad Electronic)

Abb. 4.27 – Selbstbauschaltung einer Solar-Hausnummer mit zwei superhellen SMD-Leuchtdioden, die für eine Versorgungsspannung (U_F) von 2 Volt und einen niedrigen Strom (I_F) von 20 mA ausgelegt sind (zum Thema Vorwiderstand siehe Buchtext).

4.6 Außenbeleuchtung mit LEDs

LED-Gartenleuchten gibt es zwar als Fertigprodukte in vielen Ausführungen, aber in die meisten dieser Leuchten sind bereits Solarzellen und Akkus integriert. Sowohl die Solarzellen als auch die Akkus sind aber meist zu begrenzt dimensioniert. Wie wir bereits an anderer Stelle erwähnt haben, stellen daher solche Leuchten zwar eine hübsche Gartendekoration dar, aber das ist dann auch alles, denn sie leuchten oft nur in Nächten, vor denen es

tagsüber ausreichend Sonnenschein gegeben hat.

Für eine zuverlässige Außenbeleuchtung eignen sich solche Leuchten daher bestenfalls dann, wenn man sie erst eigenhändig entsprechend nachrüstet bzw. umbaut. Sofern ihre ursprüngliche Lichtstärke für den vorgesehenen Zweck ausreicht, benötigen sie einen größeren Akku und eine ebenfalls größere Solarzellenleistung. Sie können sich jedoch auch

nur eine LED-Leuchte ohne Solarzellen und ohne Akku kaufen und die solarelektrische Stromversorgung selbst in die Hand nehmen. Auf den Spannungsbedarf, die Anzahl und die Abnahmeleistung der Leuchten werden dann Akkuspannung, und -kapazität abgestimmt und auf den Akku wird das Solarmodul angepasst. Der ganze Planungsvorgang verläuft nach demselben Schema, wie bei den vorher beschriebenen LED-Solar-Hausnum-

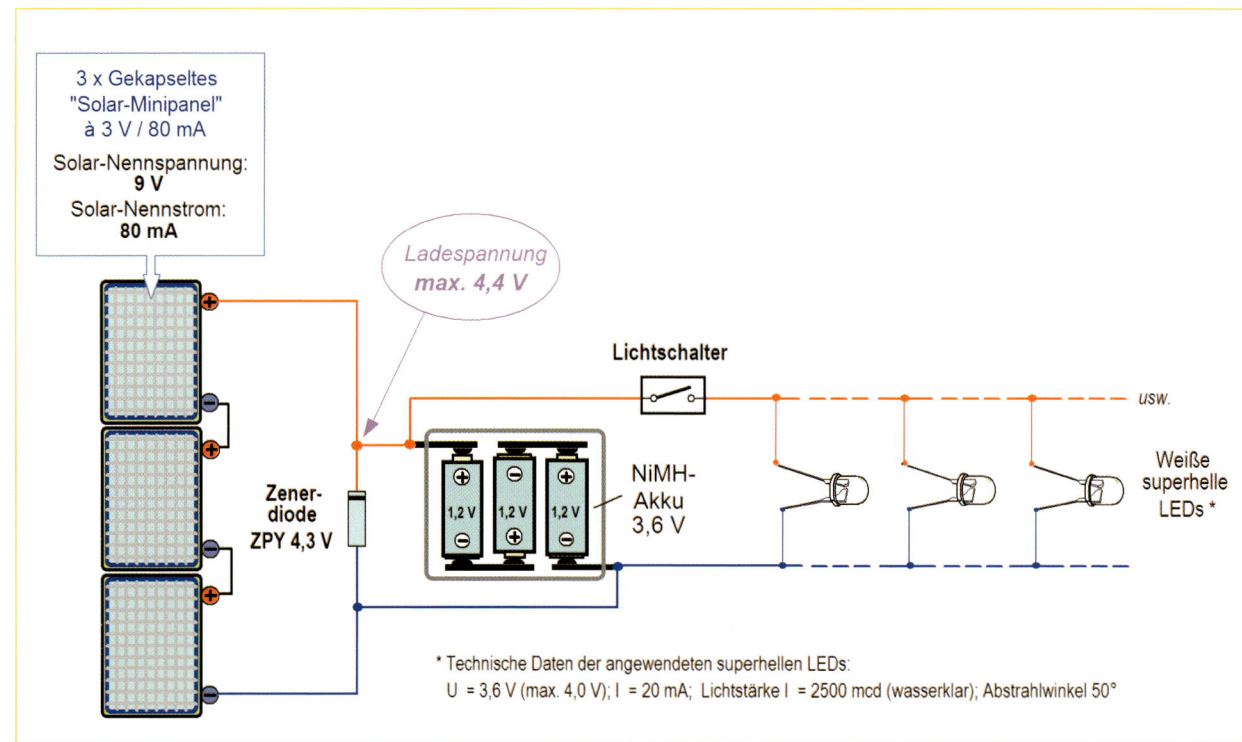

Abb. 4.28 – Eine kostengünstige Außenbeleuchtung kann mit einzelnen *kahlen* LEDs erreicht werden.

mern. Nur die Dimension des Anliegens ist hier unter Umständen etwas aufwendiger.

Ist es erwünscht, dass eine Außenbeleuchtung ausreichend intensiv das ganze Jahr jeweils die ganze Nacht zuverlässig leuchtet, ist eine Lösung mit solarelektrischer Stromversorgung nur dann ratsam, wenn kein Stromanschluss an das öffentliche Netz vorhanden ist. Gute Energiesparlampen, die für Netzspannung ausgelegt sind, haben einen ähnlich niedrigen, manchmal sogar einen noch geringeren Stromverbrauch als die momentan besten LEDs. Da eine solarelektrische Spannungsversorgung ziemlich kostspielig werden kann, verdient die Netzspannung den Vorrang – sofern es die Umstände erlauben. Anderseits entfallen wiederum bei einer kabellosen solarelektrischen Außenbeleuchtung die Stromzuleitungen und eventuell auch die damit verbundene Verwüstung eines bereits angelegten Gartens. Solche Argumente sprechen wiederum für die solarelektrische Stromversorgung.

Der erste Planungsschritt bei einer Solar-Außenbeleuchtung beginnt mit der Wahl der passenden Leuchten. Der Abstrahlwinkel ist bei den meisten LED-Leuchten bekanntlich schmal und sie müssen daher so aufgestellt werden, dass die Beleuchtung nicht nur aus einigen „Lichtflecken" besteht, zwischen denen es finster ist. Dieses Problem kann z. B. dadurch gelöst werden, dass entlang eines Gartenwegs oder einer Gartentreppe einzelne superhelle LEDs nach dem Prinzip aus *Abb. 4.28* als LED-Ketten angebracht werden. Die Kapazität des angewendeten Akkus richtet sich nach der Anzahl der LEDs und nach den vorgesehenen Anwendungs-Zeitspannen.

Planungsbeispiel

Für die Beleuchtung einer Außentreppe, die von der Eingangstür am Gartenzaun zur Haustür führt, sind 15 superhelle *20 mA*-LEDs vorgesehen. 25 × 20 mA = 500 mA (= **0,5 A**) an Strombedarf für alle LEDs.

Die Einschaltdauer dürfte voraussichtlich eine Stunde pro Woche bzw. 3 Stunden pro drei Wochen betragen. Die drei Wochen berücksichtigen wir bei dieser Planung im Hinblick darauf, dass sich während der Wintermonate die Sonne möglicherweise drei Wochen lang nicht zeigt. 3 Std. × 0,5 A = 1,5 Ah. Die Kapazität des angewendeten NiMH-Akkus dürfte in diesem Fall zwischen ca. 1,8 Ah und 2 Ah betragen.

Die kleinen Solarpanels werden zwar während der Wintermonate nur ausnahmsweise einen Ladestrom von den theoretischen 80 mA liefern können, wohl aber einen Ladestrom von ca. 40 bis 70 mA. Würde an einem Wintertag die Sonne z. B. 5 Stunden lang scheinen, kann der Speicherakku um etwa 0,2 Ah bis 0,35 Ah nachgeladen werden. Der wöchentliche Energieverbrauch, (beim Speicherakku *Kapazitätsverbrauch*), beträgt nur 0,5 Ah und kann somit theoretisch innerhalb von ca. 7 bis 12,5 Sonnenstunden nachgeladen werden. Und praktisch? Da wir bei der Solar-Nennspannung der angewendeten Module großzügig waren, wird der Akku teilweise auch an trüben, aber relativ hellen Wintertagen solarelektrisch geladen. Der Ladestrom wird dann mit 5 bis 10 mA zwar nur gering sein, aber es hilft, die sonnenarmen Monate des Jahres zu überbrücken, und die Beleuchtung wird nicht ausfallen, weil der Akku wetterbedingt zu tief entladen ist.

4.6 Außenbeleuchtung mit LEDs

Bemerkung: Eine Erhöhung der Modul-Nennspannung um bis zum Doppelten der benötigten Ladespannung hilft kleinen Solaranlagen die sonnenarmen Wintermonate leichter zu überbrücken. Der Kostenaufwand hält sich dabei in zumutbaren Grenzen. Bei größeren Solaranlagen kann jedoch diese an sich sinnvolle Methode zu einem zu teuren Luxus werden. Eine Erhöhung der Akkukapazität bietet sich dann als eine kostengünstigere Lösung an.

Eine aufwendigere Außenbeleuchtung benötigen vor allem diverse Schrebergarten- oder Wochenendhäuser, die über keinen Netzanschluss verfügen. Eine LED-Beleuchtung passt sich bei solchen Objekten an die bestehende zentrale solarelektrische Stromversorgung an, die meist ihre Energie von einem größeren Solarmodul bezieht und in einem ebenfalls größeren 12-Volt-Akku speichert. Wie *Abb. 4.29* zeigt, versorgt solch eine Solaranlage mehrere Solarverbraucher und muss dementsprechend dimensioniert sein. Die LED-Leuchtkörper werden dann bevorzugt auf die einheitliche Versorgungsspannung der Solaranlage angepasst.

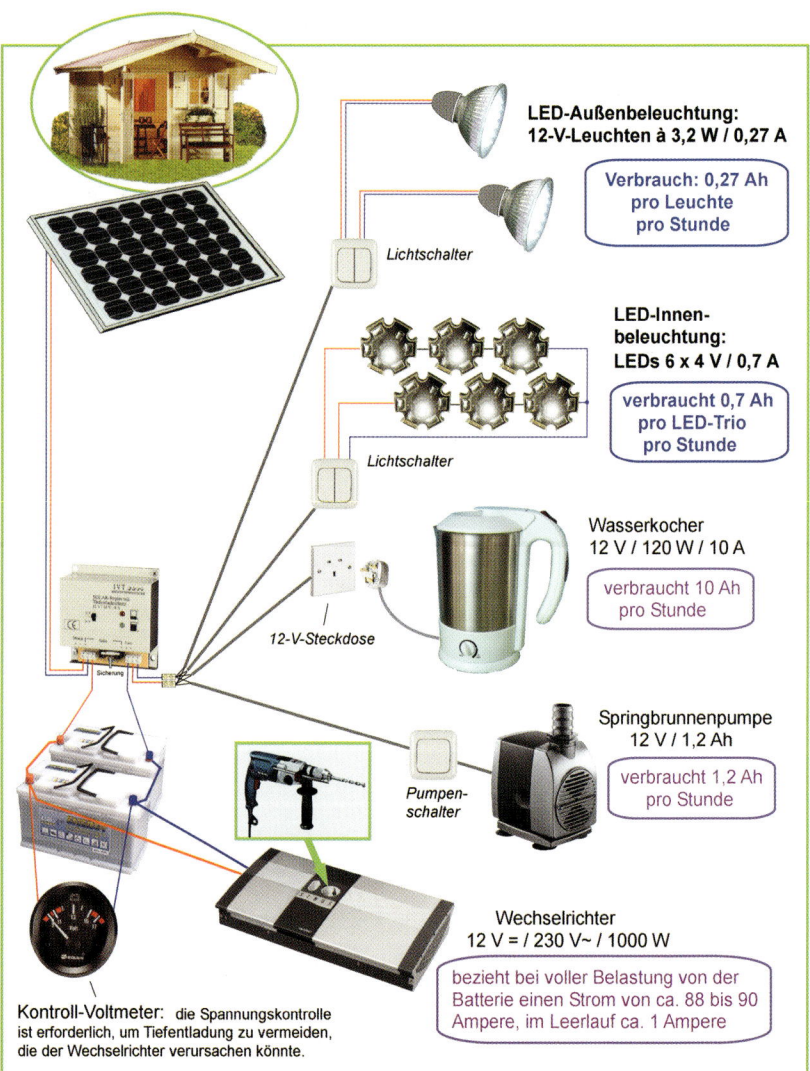

LED-Außenbeleuchtung:
12-V-Leuchten à 3,2 W / 0,27 A

Verbrauch: 0,27 Ah
pro Leuchte
pro Stunde

LED-Innenbeleuchtung:
LEDs 6 x 4 V / 0,7 A

verbraucht 0,7 Ah
pro LED-Trio
pro Stunde

Lichtschalter

Wasserkocher
12 V / 120 W / 10 A

verbraucht 10 Ah
pro Stunde

12-V-Steckdose

Springbrunnenpumpe
12 V / 1,2 Ah

verbraucht 1,2 Ah
pro Stunde

Pumpenschalter

Wechselrichter
12 V = / 230 V~ / 1000 W

bezieht bei voller Belastung von der Batterie einen Strom von ca. 88 bis 90 Ampere, im Leerlauf ca. 1 Ampere

Kontroll-Voltmeter: die Spannungskontrolle ist erforderlich, um Tiefentladung zu vermeiden, die der Wechselrichter verursachen könnte.

Abb. 4.29 – Beispiel einer größeren Solaranlage, die, neben der Beleuchtung, weitere Solarverbraucher versorgt.

4.7 Timer für die Außenbeleuchtung

Ist es erwünscht, dass eine LED-Außenbeleuchtung jeweils nur für eine kurze Dauer eingeschaltet bleibt, kann dies mit einem Selbstbau-Timer nach *Abb. 4.30* oder *4.31* bewerkstelligt werden. Gedacht wird dabei z. B. an ein automatisches Einschalten der Außenbeleuchtung, das ein Zungenschalter (Reed-Schalter) an der Gartentür, ein Trittmatten-Schalter vor der Haustür oder ein Einbruchsschutz-Schalter (Stolperschalter, Neigungsschalter) im Garten auslöst. Es sollte sich dabei um einen Schalter handeln, der bevorzugt nur einen kurzen Einschaltimpuls an das Schalt-IC 4066 des Timers gibt (also nicht um einen Schalter, der nach der Betätigung eingeschaltet bleibt). Zudem sollte dieser Schalter bzw. Taster so angeordnet werden, dass er z. B. an einer Gartentür nur beim Öffnen, nicht aber beim Schließen der Tür den Timer aktiviert. Anstelle des Schalters kann als „Einschaltimpuls-Geber" u. a. auch ein Fotowiderstand oder eine Fotodiode angewendet werden, die z. B. von der Auto-Lichthupe an der Garageneinfahrt aktiviert wird.

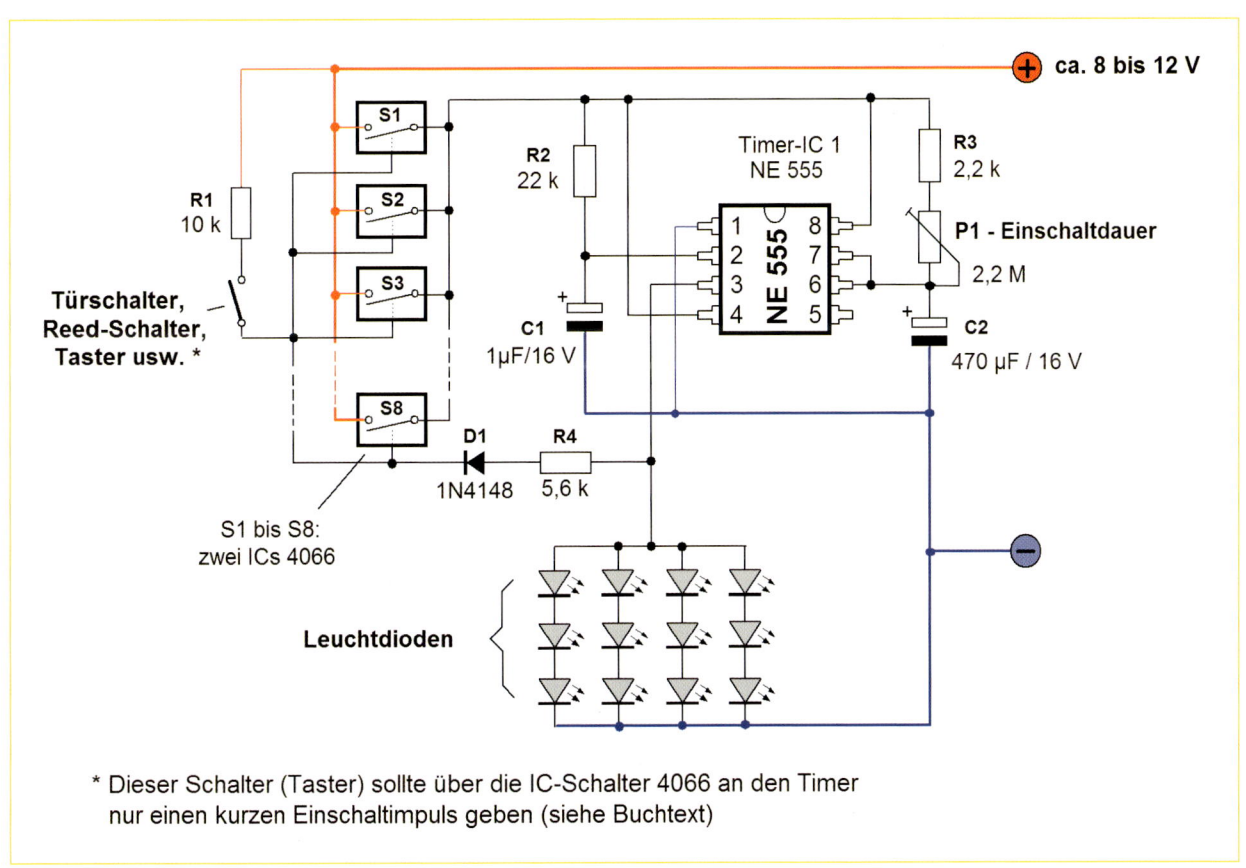

* Dieser Schalter (Taster) sollte über die IC-Schalter 4066 an den Timer nur einen kurzen Einschaltimpuls geben (siehe Buchtext)

Abb. 4.30 – Ein Selbstbau-Timer für die Außenbeleuchtung

4.7 Timer für die Außenbeleuchtung

Bei der Lösung nach *Abb. 4.30* fungiert direkt das Timer-IC NE 555 als ein elektronischer Schalter für die LED-Beleuchtung. Der von den LEDs bezogene Strom darf hier jedoch das Timer-IC nicht überstrapazieren und sollte ca. 150 mA nicht überschreiten. Einen weiteren Nach-teil bildet bei dieser Lösung der relativ hohe interne Spannungsverlust in dem IC NE 555. Diese Nachteile entfallen, wenn für das Schalten der LED-Beleuchtung ein zusätzliches elektromagnetisches Relais nach *Abb. 4.31* angewendet wird.

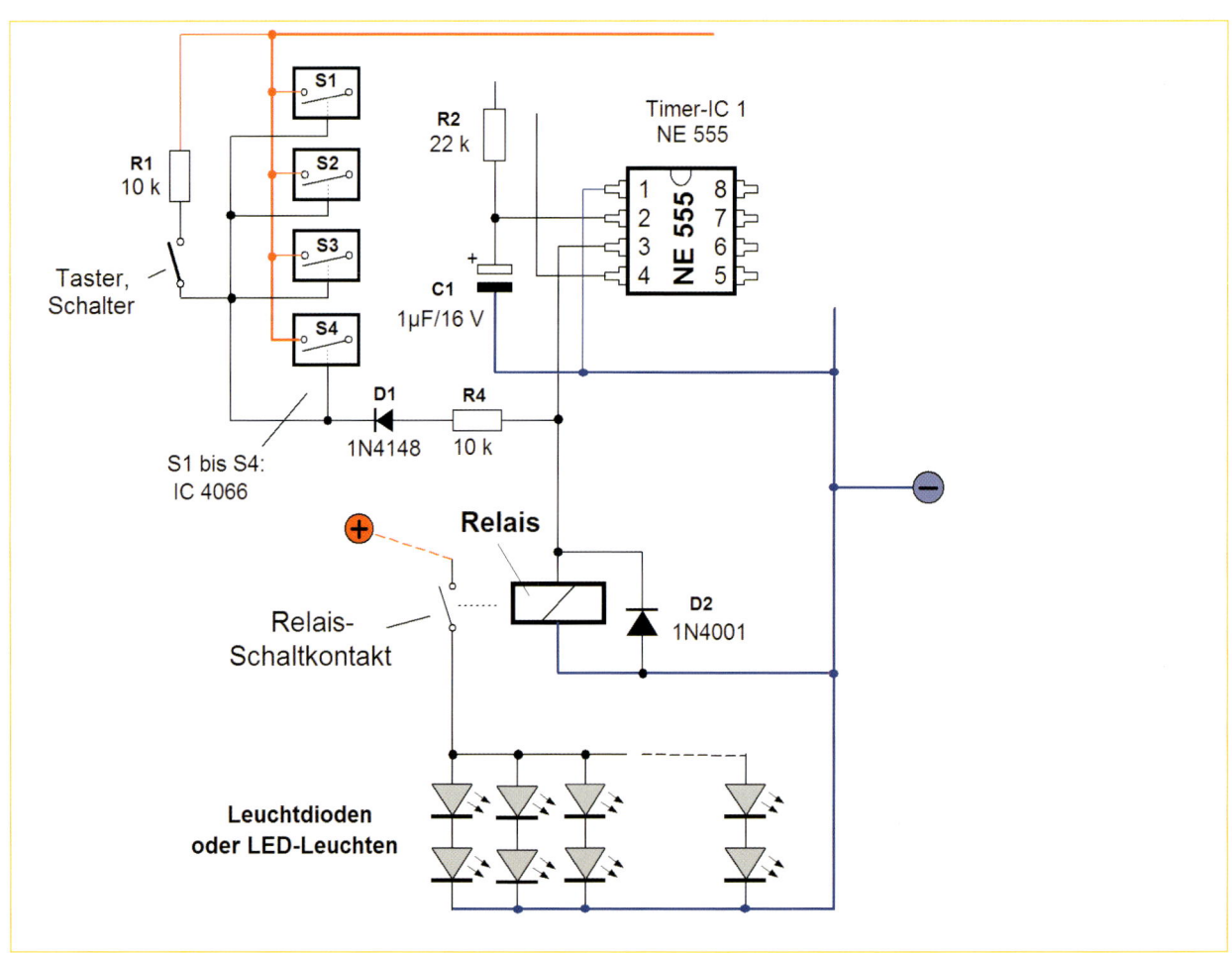

Abb. 4.31 – Wird der Timer aus der vorhergehenden Abbildung mit einem elektromagnetischen Relais nachgerüstet, kann dieses – je nach der Dimensionierung seines Schaltkontaktes – auch kräftigere LED-Leuchten schalten. Hier ist nur ein IC der Type 4066 erforderlich.

4.8 Leitungen für die Beleuchtung

Da für die LED-Beleuchtung niedrige Spannungen verwendet werden, droht hier nicht die Gefahr einer Verletzung durch elektrischen Strom und somit gibt es auch keinen Vorschriftszwang, nach dem man sich bei der Wahl der passenden Leitungen richten müsste. Die Tatsache, dass auch niedrige Spannungen Funken erzeugen, sollte hier dennoch nicht ganz außer Acht gelassen werden. Wenn eine Verbindung unachtsam zusammengeschraubt wurde, kann sie einen Kurzschluss verursachen, bei dem Funken entstehen. Ist die Installation so ausgelegt, dass eine solche funkende Verbindung quasi „vorprogrammiert" Feuer auslösen kann, sollten alle Schraub- oder Steckverbindungen grundsätzlich in geschützten Verteilerdosen untergebracht werden, sofern sie sich z. B. an Holzbalken oder Holzwänden befinden.

Die Leistungsverluste, die in jeder elektrischen Leitung entstehen, hängen **nur** von dem Strom, der durch die Leitung strömt, und dem ohmschen Widerstand der Leitung ab. Die Höhe der übertragenen Spannung und Leistung spielt dabei keine Rolle, siehe *Abb. 4.33*:

Angenommen, wir verwenden für die Stromversorgung mehrerer Außenleuchten einen gemeinsamen Akku, an dem eine 10 Meter entfernte 10-Watt-Solarbeleuchtung angeschlossen ist. Solch eine Leitung stellt einen Kreislauf (eine Ringleitung) dar und daher addieren sich die Längen beider Leiter auf 20 Meter.

Wir kennen bereits die Formel „**Strom** (in Ampere) **x Spannung** (in Volt) **= Leistung** (in Watt)". Wenden wir nun diese Formel bei den Beispielen in *Abb. 4.33* an, stellt sich heraus, dass der Leistungsverlust in einer Leitung umso niedriger liegt, je höher die Spannung und je niedriger der ohmsche Widerstand der Leitung sind. Wie aus den Beispielen hervorgeht, hängt der Spannungsverlust in der Leitung nur von dem übertragenen Strom (in Ampere) und von dem Widerstand der Leiter (in Ohm) ab.

Die in *Abb. 4.33* aufgeführten Beispiele können sich bei diversen Selbstbauprojekten als nützlich erweisen, denn Verluste, die bei einer solarelektrischen Stromversorgung in den Leitungen entstehen, müssen mit einer erhöhten solarelektrischen Leistung kompen-

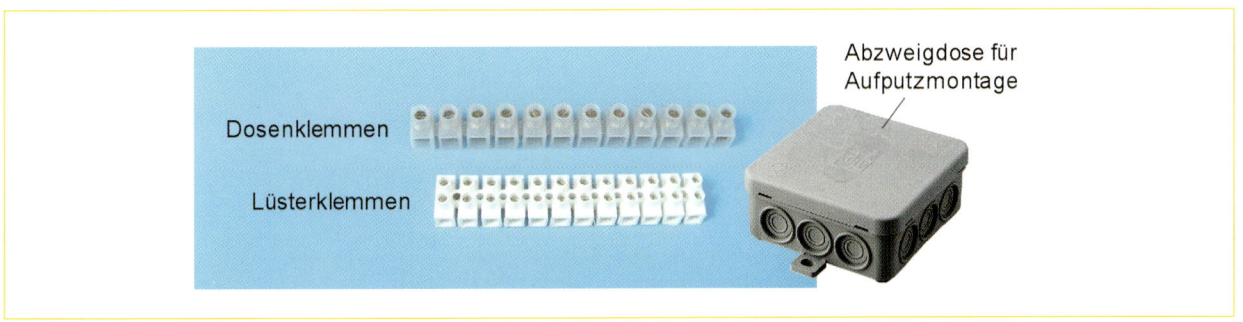

Abb. 4.32 – Für die Schraubverbindungen der Leiter eignen sich hier am besten einfache Dosen- oder Lüsterklemmen, die z. B. in preiswerten Abzweigdosen (Aufputz-Installationsdosen) untergebracht werden können.

4.8 Leitungen für die Beleuchtung

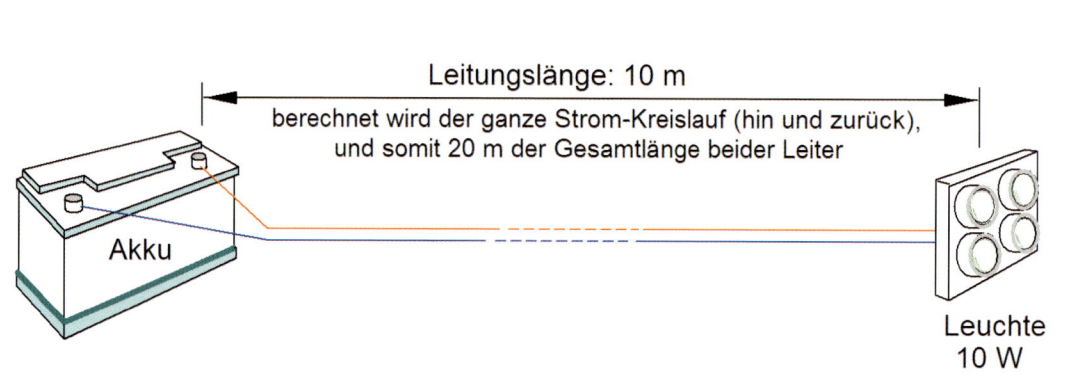

Leitungslänge: 10 m

berechnet wird der ganze Strom-Kreislauf (hin und zurück), und somit 20 m der Gesamtlänge beider Leiter

Akku

Leuchte
10 W

Beispiel 1:

Querschnitt der Leiter: 0,75 mm², der Ohmsche Widerstand der 20-m-Leitung: 0,464 Ohm
Übertragene Versorgungsspannung: 4 V; von der 10-W-Leuchte bezogener Strom : 2,5 A
Spannungsverlust: 0,464 Ohm x 2,5 A = 1,16 V
Leistunsgverlust: 1,16 V X 2,5 A = 2,9 W

Alternativ - dasselbe Beispiel, aber mit einer höheren Versorgungsspannung:
Übertragene Versorgungsspannung: 12 V; von der 10-W-Leuchte bezogener Strom : 0,833 A
Spannungsverlust: 0,464 Ohm x 0,833 A = 0,39 V
Leistunsgverlust: 0,39 V X 0,833 A = 0,32 W

Beispiel 2:

Querschnitt der Leiter: 2,5 mm², der Ohmsche Widerstand der 20-m-Leitung: 0,14 Ohm
Übertragene Versorgungsspannung: 4 V; von der 10-W-Leuchte bezogener Strom : 2,5 A
Spannungsverlust: 0,14 Ohm x 2,5 A = 0,35 V
Leistunsgverlust: 0,35 V X 2,5 A = 0,875 W

Alternativ - dasselbe Beispiel 2, aber mit einer höheren Versorgungsspannung:
Übertragene Versorgungsspannung: 12 V; von der 10-W-Leuchte bezogener Strom : 0,833 A
Spannungsverlust: 0,14 Ohm x 0,833 A = 0,117 V
Leistunsgverlust: 0,117 V X 0,833 A = 0,097 W

Abb. 4.33 – Bei Anwendung zu dünner Leiter und zu niedriger Versorgungsspannung können bei längeren Leitungen die Leistungsverluste in der Leitung ziemlich hoch werden.

siert werden – und das ist teuer. Mithilfe der aufgeführten Berechnungsbeispiele können Sie sich bei Bedarf die Verluste auch selbst ausrechnen, die in Ihren Leitungen entstehen oder entstehen könnten. Sie brauchen dabei in unseren Beispielen nur die von uns eingetragenen Zahlen durch Ihre Zahlen zu ersetzen und nachzurechnen. Sinnvoll ist eine solche Kontrolle vor allem bei längeren Leitungen.

Bei elektrischen Leitern wird nicht der Durchmesser, sondern der Querschnitt als elektrisch leitende Schnittfläche des Leiters (des Kupferdrahts oder der Kupferlitze) in mm² angegeben. Wenn Sie bei einem unbekannten Leiter seinen Querschnitt in mm² ermitteln möchten, geht es am genauesten mit einer Schieblehre (Messschieber). Der auf diese Weise festgestellte Leiterdurchmesser ist **nicht** mit dem Leiterquerschnitt identisch – wie aus der *Tabelle 4.1* hervorgeht.

Wir haben in diese Tabelle den ohmschen Leiterwiderstand pro 10 Meter Leiterlänge aufgeführt. Bitte nicht vergessen: Eine 5 m lange Stromleitung besteht hier jeweils aus zwei Leitern, die *Leiterlänge* beträgt somit 10 m. Der in der Tabelle angegebene Widerstand pro 10 m Länge hat daher eine Leitung, die nur 5 m lang ist.

Bei einfacheren Anliegen brauchen Sie sich selbstverständlich nicht mit detaillierten Berechnungen der Leiterdurchmesser oder der Energieverluste in den Leitungen zu befassen. Es genügt zu wissen, dass für die Installationen zu dünne Leiter nicht geeignet sind. Dies gilt allerdings nicht für kurze Zwischenverbindungen, die nicht länger als einen Meter sind oder die einen niedrigen Strom leiten. Hier kann aus ästhetischen Gründen als Stromzuleitung z. B. auch ein dünnes abgeschirmtes Mikrofonkabel oder ein Lautsprecherkabel als Stromzuleitung verwendet werden.

Wir hoffen, dass Ihnen bei Ihren Selbstbauvorhaben unser Buch viele Schritte erleichtern wird und dass Sie hier auf all Ihre Fragen „technischer Art" ausreichend klare Antworten gefunden haben. Wir wünschen Ihnen viele Erfolgserlebnisse!

Leiterquerschnitt:	Leiterdurchmesser:	Widerstand pro 10 m Länge:
0,75 mm²	0,98 mm	0,232 Ω
1 mm²	1,13 mm	0,178 Ω
1,5 mm²	1,38 mm	0,117 Ω
2,5 mm²	1,78 mm	0,07 Ω
4 mm²	2,25 mm	0,045 Ω
6 mm²	2,75 mm	0,03 Ω

Tab. 4.1 – Der ohmsche Widerstand der gängigsten Kupferleiter.

Gefällt Ihnen dieses Buch? Vielleicht sind Sie an weiteren Fachinformationen oder an anderen Themen interessiert, die von **Bo Hanus** verfasst und vom **Franzis Verlag** herausgegeben wurden? Hier die Übersicht der aktuellen Titel:

- Wie nutze ich Solarenergie in Haus und Garten? *(neu, 128 Seiten)*
- Experimente mit superhellen Leuchtdioden *(neu, 153 S.)*
- Spaß & Spiel mit der Solartechnik *(112 S.)*
- Solaranlagen richtig planen, installieren und nutzen *(2. Auflage, 300 S.)*
- Wie nutze ich Solar- und Windenergie in der Freizeit und im Hobby *(neu, 128 S.)*
- Der leichte Einstieg in die Elektronik *(5. Auflage, 363 S.)*
- So steigen Sie erfolgreich in die Elektronik ein *(4. Auflage, 97 S.)*
- Solar-Dachanlagen selbst planen und installieren *(2. Auflage, 128 S.)*
- Haushaltselektrik selbst installieren und reparieren *(neu, 128 S.)*
- Elektroinstallationen in Haus und Garten – echt leicht! *(97 S.)*
- Wie nutze ich Windenergie in Haus und Garten? *(3. Auflage, 97 S.)*
- Das große Anwenderbuch der Windgeneratoren-Technik *(319 S.)*
- Das große Anwenderbuch der Solartechnik *(2. Auflage, 367 S.)*
- Hausversorgung mit alternativen Energien *(neu, 128 S.)*
- Digitale SAT-Anlagen selbst installieren *(neu, 128 S.)*
- Haushaltselektronik selbst reparieren *(neu, 128 S.)*
- Elektrische Haushaltsgeräte selbst reparieren *(neu, 128 S.)*
- Öl- und Gasheizung selbst warten und reparieren *(neu, 128 S.)*
- Sanitäranlagen selbst reparieren *(neu, 128 S.)*
- Der leichte Einstieg in die Elektrotechnik *(219 S.)*
- Drahtlos schalten, steuern und übertragen in Haus und Garten *(234 S.)*
- Drahtlos überwachen mit Mini-Videokameras *(205 S.)*
- Schalten, Steuern und Überwachen mit dem Handy *(2. Auflage, 97 S.)*
- Der leichte Einstieg in die Mechatronik *(neu, 268 S.)*
- Spaß & Spiel mit der Elektronik *(120 S.)*
- Erfolgreicher Service elektronischer Musikinstrumente *(343 S.)*
- Das große Anwenderbuch der Elektronik *(2. Auflage, 351 S.)*
- Selbstbau-Roboter für Alarm- & Sicherheitsaufgaben *(172 S.)*
- Kampfspiel-Roboter im Selbstbau – Robot WARS *(97 S.)*

Einige der hier aufgeführten Bücher sind möglicherweise inzwischen im Buchhandel vergriffen, stehen aber in städtischen Büchereien als Leihbücher zur Verfügung oder werden dort für den Interessierten besorgt.

Lieferantenhinweis
(auch für Kataloganforderung)**:**

Conrad Electronic
Klaus Conrad Str. 1,
92240 Hirschau
Tel. (01 80) 5 31 21 11,
Fax (0180) 5 31 21 10
www.conrad.de

ELV
Tel.: (04 91) 60 08 88,
Fax (04 91) 70 16 www.elv.de

LUMITRONIX® LED-Technik GmbH,
Haigerlocher Str. 42,
72379 Hechingen
Tel. (0 74 71) 9 60 14-0,
Fax (0 74 71) 9 60 14-99
www.leds.de

Reichelt Elektronik,
Elektronikring 1, 26452 Sande
Tel. (0 44 22) 95 53 33,
Fax (0 44 22) 95 51 11
www.reichelt.de

Westfalia GmbH
Werkzeugstraße 1, 58082 Hagen
Tel.: (01 80) 5 30 31 32,
Fax (01 80) 5 30 31 30
www.westfalia.de

Stichwortverzeichnis

Stichwortverzeichnis